世界的故事

[意]特蕾莎·布翁焦尔诺 著　[意]埃莉萨·帕加内利 绘　刘鸿旭 译

Storie del mondo animale

动物的故事

——万物皆有灵

山东教育出版社　大音 广东大音音像出版社

·济南·　·广州·

图书在版编目（CIP）数据

　　动物的故事：万物皆有灵 / (意) 特蕾莎·布翁焦尔诺著；(意) 埃莉萨·帕加内利绘；刘鸿旭译. — 济南：山东教育出版社，2022.1

　　（世界的故事）

　　ISBN 978-7-5701-1748-2

　　Ⅰ.①动… Ⅱ.①特… ②埃… ③刘… Ⅲ.①动物 – 少儿读物 Ⅳ.①Q95-49

　　中国版本图书馆CIP数据核字（2021）第127430号

DONGWU DE GUSHI——WANWU JIE YOU LING
动物的故事——万物皆有灵

目　录

给孩子认识世界的知识宝库

地 球

盖亚[1]

有一艘巨大无比的宇宙飞船,它和我们在电视上,或者在电影院里看到的飞船有点儿不太一样。它是球形的,但并不是那种很圆很圆的球形,而是像一个被压扁了一点儿的大皮球。它在宇宙中走了很久很久,所以身上有亿万年岁月的痕迹。飞船搭载的最早的一批乘客有数百万人,但他们已经死去,把位置让给了他们的孩子们,他们的孩子们又让给了孩子的孩子们,一代一代地传下去。人们总会忘却一些东西,所以他们已经不记得这艘宇宙飞船是从哪里飞来的了,也不知道要开往何方,因为飞船的轨迹并不是由人操控的。大飞船在某种力量的作用下,在神秘的轨道上运行着……

一代又一代的人们曾经试图去弄明白这艘大飞船是怎么运转的。在这个球形的大飞船上的某个地方,总会有人给小孩子们讲述这些事情。就像我现在讲给你们听一样,而且,总会有一个女孩或者一个男孩,他们长大以后会发现盖亚的秘密。

"盖亚"是这艘宇宙飞船早已不用的名字。现在人们都把

它叫作"地球"，或者叫作"世界"。每天晚上，那个好奇的女孩或者男孩入睡后，会梦见浩瀚无垠的太空和转动着的星辰。在梦中，还有来自天际的音乐陪伴着他们。而这艘宇宙大船会继续移动着，不慌不忙地沿着它的轨道前进。

太　阳

巨大的发动机

　　"盖亚"号宇宙飞船，也就是地球，在无垠的太空中运行着。孩子们一天天长大，他们总是有无数个问题要问。他们想弄明白，是什么让一年开始，又是什么让这一年结束的。有人会这么回答：在一个周期内，地球这艘"宇宙飞船"会绕着巨大的发动机转一圈，人们把这个巨大的发动机叫作太阳。地球就这样周而复始地围着太阳转，于是人们把地球绕着太阳转一整圈所用的时间定为一年。因为这个巨大的发动机并不在"宇宙飞船"的内部而是在它外面，所以地球的运行轨迹并不是一条直线，而是呈椭圆形。

　　地球像个陀螺一样，被一种无形的能量驱动着，一边绕着太阳转，一边

自己也在转动。它在转着的时候，身旁还有一个小伙伴围绕着它转，这个小伙伴就是皎洁的月亮。月亮绕着地球转动，地球绕着太阳转动，而太阳带着它们绕着银河系的中心在转动；而银河系一边拖着我们，一边好像也在围绕着什么其他的东西在转动。地球自己转一圈需要 24 小时；绕着太阳转一圈要走 9.42 亿千米，每小时的速度超过 100000 千米。地球在转动的过程中，一半被笼罩在光明之中（太阳就像一个巨大的灯塔一样发出光芒），一半在黑暗之中。地球上的人们感觉是光明和黑暗在交替着，而不会感觉到地球在转动。孩子们知道了这些，就不会害怕黑暗，因为如果黑暗能够到来，就说明一切运转正常。这艘"宇宙飞船"按照一定的规律在前进，旅程就始终在继续。当我们进入梦乡的时候，也许会觉得自己能够听见这艘宇宙飞船在满天星辰的宇宙中慢慢向前走着，发出细微的声响。

大 爆 炸
万物伊始

　　其实你要是觉得大人什么都知道的话，那你就错了，他们只不过比孩子们知道得多一点儿，有的大人也并不一定比孩子知道得多。有那么一些人，他们一生都在寻找答案，想要知道得更多，人们把这些人叫作智者，也把他们叫作科学家。他们尝试着去发现人类历史是怎么开始的，我们生活的星球是怎么诞生的。有人说，宇宙万物始于一次爆炸，也就是我们今天说的"宇宙大爆炸"[2]；还有人说宇宙其实是由真空中一个极轻微的震动产生的。

　　宇宙中诞生了一个由氢、氦、固体尘埃组成的星球，后来它温度升高，在旋转和重力作用下，这个星球的内部物质分异，形成了地核、地幔、地壳，也有了液态的水和坚硬的岩石，我们称这个星球为地球。水碰到炽热的岩石就蒸发，变成了云和雨，于是地球上就下了成百上千年的雨。地球后来冷却下来了，雨水聚集在岩石之中形成了一个个水坑、湖泊和大海。专家学者们把这些大海称作"原始培养基"。又经过了漫长的时间，地球才孕育出了生命。地球上的生命就是在这些"原始培养基"中孕育出来的。我们平时做的肉汤就比较像这种"培养基"，很容易滋生出大量的细菌，所以最好马上吃掉，不要放到第二天。大海里最开始的时候只有一些微生物，后来又慢慢出现了软体动物和鱼类。再后来它们从海里爬上岸来，就繁衍出了各种各样的动物，当然还有在天空中飞翔的鸟类。就这样，万事俱备，只待人类出现了。

碳 十 四

地球的年龄

　　说出来或许你不相信，但确实有人成功地测出了我们生活的这个星球的年龄，而且是到了 20 世纪才测算出来的。这项工作与美国加利福尼亚大学的教授威拉德·利比提出的一个奇怪请求有关。一次，他向美国芝加哥艺术博物馆的馆长要了一片法老塞索斯特里斯三世棺木上的小碎片（价值数千万的一个小东西），他居然要把它烧成灰！当然了，他并不是疯了。办好各种必要的手续后，他把这片小碎片护送到了加利福尼亚。接着，利比教授开始了他的研究工作。利比是著名放射性碳同位素年代学家。1947 年，他发明了放射性碳十四（C）测定年代的方法，这种方法在考古学中得到广泛应用，也就是说，他发明的这种方法可以用来测定古代文物的年龄。他因发明放射性碳年龄测定获得 1960 年诺贝尔化学奖。利比通过燃烧那个小碎片，获得了燃烧物中的放射性元素。这种有机物的可燃成分中含有的放射性元素会随着时间而衰变，每 5730 年会衰变一半。想要获得足够古老的木头来做实验，其实并不容易。利比通过检测

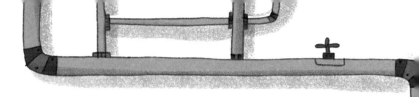

碳十四，更正了法老棺木的实际年龄——其实它并不是古埃及文物学家之前估算的 3750 年，而是 3621 年。

后来，也有学者用其他放射性元素代替碳十四，测定出了其他物体的年代，包括石头在内的无机物。地球的年龄是用铀测定的，最后测出的地球的年龄是 45 亿岁。

进　化

基因树（家谱树）

　　每个孩子早晚要学会整理东西，这听起来很无聊，但不妨把这当成一种游戏，就像收集贴纸一样。把那些贴纸收集起来贴到册子里的正确位置上，就会感受到其中的乐趣了。查尔斯·达尔文 [3] 在他的环球旅行结束后，就开始了这项游戏——他把从世界各地收集来的整整几大箱子东西按顺序排列出来。在环球旅行中，达尔文见到了很多让人难以置信的东西，比如，消失了数千年的动物化石骨架、"大洪水"的遗迹、变成化石的森林、巨大的海龟、14 种不同的麻雀，还有一些不伤人的怪物，比如鬣蜥（liè xī）[4]……他仔细观察并收集了大量动植物和地质等方面的材料，做好标注并排列好顺序。最终，他画出了很多基因树。

　　你知道什么是基因树吗？基因树其实就是我们祖先的图谱。比如说在你的家谱树上，你的名字上面有你父亲母亲的名字，在他们的名字上面，又有他们父母的名字（也就是你的爷爷奶奶、外公外婆）。然后在爷爷奶奶、外公外婆的名字上面，又有他们父母的名字（你的曾祖父和曾祖母、曾外祖父和曾外祖母）。达尔文绘制出了各种动物的基因树，然后又画出了人类的基因树。一代一代地向前追溯源头，他发现人类的祖先并非《圣经》上所说的亚当和夏娃，而是一只母猴子。当时西方很多人听了勃然大怒，都说这种推测根本没有证据，因为代代相传的链条上，缺少了那种半人半猴的生物，人们把这叫"缺失环节"。现在这种生物好像被中国的学者找到了。根据中国科学院的研究成果，这种生物可能是生活在约 5500 万年前的物种，叫作"阿喀琉斯基猴[5]"。它长着跟猴子一样的后脚跟，身形矮小，只有几厘米长，擅长跳跃，生活在树上。

猴　子
无声的语言

　　在电影或小说中，你会看见人猿泰山[6]能跟猴子对话，而事实上，一些俄罗斯的动物学家也确实能跟猴子对话。他们做了一些很奇怪的实验，成功掌握了猴子的7种不同的叫声，这7种叫声对应7种不同的意思。其中一种叫声的意思是到睡觉的时间了。在美国，还有人尝试着把手语教给猴子，然后猴子很快就学会了，它们可以用这些手势互相交流，而且还可以跟懂手语的人进行交流。其实猴子用手势交流已经有几百万年的历史了。实际上它们从来都不用声音交流，因为它们发不出足够多的声音来表达不同的意思。

　　20世纪80年代，华盛顿大学有一只叫华肖的母猴（现在已经过世了），它掌握了200多个手语单词，后来又教给了它收养的一只小猴子。更有意思的是，在内华达州有一群猴子会用手语吵架，并且比画出"你这只臭猴子"和"绿便便"的意思。它们还自己创造出了很多词汇，比如它们把西瓜叫作"能喝的水果"，把橙子汽水叫作"橙味古柯"，把鸭子叫作"水鸟"。

如果它们能变得更聪明一些，科幻电影《猿猴星球》里的情景就有可能成为现实了。那部电影里说，我们地球在遥远的未来将被拥有智慧的猴子统治，而人类将退化到原始状态，变成了猴子们的奴隶。

人 类
滔滔不绝的克罗马农人

研究史前文明的学者、考古学家们，始终在寻找人类起源的踪迹，他们发现了一些远古时期生活在世界各地不同的人的活动痕迹。其中，最早的可以追溯到约 70 万年前，那是中国的北京猿人。北京猿人生活在远古时期的北京周口店，属于直立人，会使用天然火，打制工具（石器）等。人类第一次具有了支配自然的能力。在德国，人们发现了 8 万年前的人类——尼安德特人[7]的遗迹。在法国，人们发现了约 2 万年前的克罗马农人[8]。他们的后代并没有像其他人种一样灭绝，因为他们具有其他人种所没有的优势：语言优势。虽然所有人类的祖先都知道如何使用火，如何制造工具，但是克罗马农人会说话而且说得很快。他们可以在 1 秒钟内说出 15 个音节，跟家人聊家常的时候甚至可以说出 30 个音节。你可以自己拿着秒表测测看有多快。举个例子，尼安德特人说话很慢，比我们现在的结巴说话还慢。然而，克罗马农人说话非常流利，可以在很短的时间内，讲述一段经历，解释一种结构。这样一来，每个人都可以借助语言积累自己的知识和技能，或者学会其他同伴掌握的技能，最终得以生存下来。所以，如果有人因为你说话太多太快而责备你，别生气，因为你的祖先可能就是克罗马农人。

驯 化

动物与人类

　　起初，人和动物各自生活在这个世界上，互不相干，渐渐地他们之间产生了感情。有些动物和人类共同生活，它们中有的和孩子们玩得很好，有的为人类提供奶、蜜、蛋或皮毛，换来食物和保护。有些动物能负重驮东西，战争来了的时候，它们和人一起并肩作战。这一切始于约 12000 年前，最初被人类驯化的动物是狼，驯化后的狼被人们叫作狗；约 8000 年前，小亚细亚（位于现在的土耳其境内）人驯化了绵羊；约 7000年前，伊朗人驯化了山羊，同一时期，土耳其人驯化了猪；约6000 年前，希腊人驯化了牛。后来，拉丁美洲安第斯山脉的人们驯化了羊驼，俄罗斯人驯化了马，埃及人驯化了驴和蜜蜂，阿拉伯人驯化了骆驼。到了约 2000 年前，印度人驯化了水牛。再后来，中东地区的人驯化了鸭子，中国的藏族人驯化了牦牛，巴基斯坦人驯化了鸡。约 1600 年前，埃及人驯化了猫，德国人驯化了鹅，西伯利亚人在约 1000 年前驯化了驯鹿……而我们，继承了这些先人的驯化成果。

狗

原始的呼唤

　　狗是在约 12000 年前，人类最先驯化的动物。或许是一群孩子发现了一只小狗，然后跟它一起玩。或许是一个人出于怜悯，喂了狗一点儿吃的，于是，狗从此就成了他们的跟随者，成为他们的卫兵、同伴和朋友。关于狗的故事有很多，但是最著名的要数杰克·伦敦在小说《野性的呼唤》里描述的那只狗，那只回归野外的，过着狼一般生活的狗。而那本小说在 1903 年出版当年就卖了 150 万册。3 年后，杰克·伦敦又写了一匹名叫"白牙"的狼被驯化的故事。杰克·伦敦小时候非常喜欢读书，后来从事过很多职业，做过擦鞋匠、报童、染匠、装卸工、电工、锅炉工等。他还在西伯利亚捕捉过海豹，在阿拉斯加淘过金。他写的书闻名于世，笔力刚劲，语言质朴。20 世纪初日俄战争时期，杰克·伦敦是美国派驻前线的记者。他后来被日本人俘虏，但是又被放了，因为抓他的人正是他的读者。

猫

菲利克斯的大家庭

　　在古埃及的时候，要是家里的猫死了，主人就得把眉毛刮掉表示哀悼。因为在那个年代，古埃及所有的人都很崇拜猫。如果你是个中世纪的小姑娘，你养了一只黑色的猫，那你可就有大麻烦了，人们会把你当成一个小女巫，把你的黑猫当成恶魔。就是在几年前，在意大利，如果一只黑猫从你面前跑过，你都要换条路走，因为传说它会给你带来厄运。然而，在英国刚好相反，人们把一只黑猫从你面前经过看作是好运即将降临。入人乡，随猫俗。意大利的家猫大部分是通过希腊和巴勒斯坦从埃及过去的。在古代印度，人们不会把猫卖掉，也不会出口到别的国家，因为古印度人认为，猫是一种神圣的动物。不论是野猫还是家猫，它们长得都很像，它们都属于猫科，而且它们都是菲力克斯猫的亲戚。菲力克斯猫出自美国漫画，在意大利人们把它叫作毛毛喵。

　　如果你家的猫经常在门上、沙发上抓来抓去磨爪子，妈妈会对此经常抱怨，你就可以跟她说，其实猫是在标记自己的领地，就像豹子在树皮上磨爪子一样。当你准备出门上学的时候，猫会在你身上蹭来蹭去的，这其实是一种告别的方式。如果猫咪发出呼噜呼噜的声音，像豹猫和猎豹发出的声音一样，那就表示它很高兴。如果猫像猞猁和美洲狮一样发出嘶嘶的声音，就表示它很害怕。还有，猫小的时候很喜欢玩纸球，这一点跟狮子小时候喜欢玩它妈妈的尾巴一样。

猫科动物是食肉动物。我们常见的猫、美洲狮、豹猫都是猫科动物。猫有很多表亲，比如老虎、花豹、美洲豹、狮子、猞猁和猎豹。属于猫科的动物有很多很多，其中有的猫的脚是黑色的，而有的猫全身金黄，比如婆罗洲金猫。属于猫科动物的还有安第斯山的虎猫和沙丘猫、中国的兔狲（sūn）、非洲的薮（sǒu）猫、印度的锈斑豹猫和有着大理石花纹的喜马拉雅猫。波斯猫、安哥拉猫、暹罗猫、虎斑猫都是家猫。

林奈
名字和姓氏

　　卡尔·林奈是生活在18世纪瑞士的一个很听话的孩子，他爸爸是个福音教派的牧师。有一天，卡尔发现自己的名字既有姓氏，又有名字，有些不解，于是就去问爸爸：小猫的姓和名字是什么，花园里树的姓和名字又是什么？后来他发现只有人才有姓氏和名字，他觉得这样是不对的，动物和植物也应该有名有姓。

　　许多年过去了，卡尔大学毕业后当了医生，后来又当上了植物园的园长。从那以后，他又开始思考起小时候脑海里的想法。他像老师一样把植物记录下来，并将植物分成了24类（23类开花，1类不开花）；然后又把动物也分门别类，分成了6类（哺乳动物、鸟类、两栖动物、鱼类、昆虫、蠕虫）。由于他想让世界上所有动物和植物都有自己的名和姓，于是，他用拉丁语和希腊语（当时西方世界是说希腊语和拉丁语的）给每种植物和动物都起了名，给了姓。卡尔给动植物分门别类进行标记，先是分了纲，纲下面分成不同的目，目下面分了科，科又分属，而属又分为不同的种。举个例子，"科"能告诉你一个动物是狗还是猫，是老鼠还是狮子。"属"会告诉你这个动物是狗还是狼，还是狐。"种"会告诉你这只狗是拉布拉多还是金毛。他的这种分类，我们一直沿用至今。

为了表彰他的伟大功绩，瑞士国王赐给他一个贵族头衔。从那以后，卡尔·林奈变成了卡尔·冯·林奈。但是全世界记住的却是他的拉丁语名字 Linneo，这也是他决定用拉丁语给世界上各种生物命名的缘故。

康拉德·劳伦兹

鹅的智慧

　　1973 年，康拉德·劳伦兹因在动物行为学研究方面取得了开拓性成就而获诺贝尔奖。多亏了他养的鹅，他创立了"动物行为学"这门新科学。当时，康拉德在奥地利的阿尔滕贝格生活，他的妻子小时候发现了一只鹅蛋，然后用这只蛋孵出小鹅，养成大鹅。后来他的妻子把这件童年时的趣事分享给了他。于是康拉德也找了一只鹅蛋孵化。小鹅破壳而出的时候，第一眼看见的是正在观察它的康拉德，而不是鹅妈妈。于是，刚出生的小鹅把康拉德当成了它的妈妈。康拉德把这只小鹅放在一个篮子里养着，而且就放在自己的床边，带着小鹅一起睡觉；甚至，康拉德还会带着小鹅一起去池塘里洗澡，这样小鹅就可以学游泳了。通过一系列的实验，康拉德得出了一个结论：对于一只鹅来说，它破壳而出第一眼见到的事物是最重要的。如果鹅在出生的时候第一眼看到的是人类而不是鹅妈妈，这只小鹅会对自己身份的识别产生错乱。我们把这种现象叫作"印刻现象"。正是因为这个发现，康拉德的名字被载入了史册。

观鸟运动

对鸟类的观察

　　如今观鸟活动已经成为一项真正的户外运动。这项运动起源于英国。据说有一群英国人，他们有时会守在西班牙最南部和非洲西北部之间的直布罗陀海峡边，有时会守在土耳其的达达尼尔海峡和博斯普鲁斯海峡边，在这两条鸟类的迁徙路线上，等待鸟儿经过。如果你也想参与这项运动，那你必须得有足够的耐心和很强的观察力，还得有一副望远镜，一架照相机，或者一部好手机。此外，在进行这项运动之前，你还得读几本关于鸟类的书籍，这样才能认出鸟的种类。准备工作全部完成之后，你就可以去观鸟了。世界自然基金会设立了很多保护区。在保护区内有很多藏在树叶之间特殊的庇护所（这些隐蔽的小屋是给观鸟运动员用的），上面还开着天窗，可以从里面观察外面的各种鸟类。你可以把拍到的照片和书上的内容作比较，你也可以用摄像机或者手机把各种鸟的叫声记录下来。祝你玩得愉快！

动物的权利

反对物种歧视

　　伴随着 1789 年法国大革命的爆发，《人权宣言》诞生了，"自由、平等、博爱"成为人们社会生活的基本原则。1948 年联合国通过的《世界人权宣言》，正是继承了法国的《人权宣言》，承认了人的生命权、自由权和安全权。人们不论种族、性别、语言、宗教或政治见解如何不同，都享有这些权利。随着历史不断地向前推进，我们看到了妇女和儿童对于平等权利的诉求，他们努力争取得到解放。1959 年，联合国批准通过的《儿童权利宣言》，让全世界儿童的权益得到了保障。1978 年，联合国教科文组织又批准通过了《动物权利共同宣言》，让地球上的动物们也获得了它们应有的权利。时至今日，全世界仍有很多人在反对种族主义和对物种的歧视。《动物权利共同宣言》把一些基本的人权扩展到其他物种，例如，自由生活的权利，或免遭受不必要痛苦的权利。动物权利的倡导者始终在与动物实验、活体解剖和集中养殖作斗争。20 世纪下半叶，以彼得·辛格[9] 为首的维护动物生存权利的先驱，一直在宣扬动物解放运动。联合国大会于 2013 年确定以后每年的 3 月 3 日为"世界野生动植物日"。

熊

黄石公园

　　一部叫《瑜伽熊》的动画片，让美国黄石国家公园举世闻名。名叫"黄石"是因为公园里的岩石是黄色的，这些黄石是由这个地方的活火山喷发出的岩浆形成的。在动画片里，这些岩石被称为"果冻石"。黄石公园位于北美洲的落基山脉，建于1872年，是世界上最古老的国家公园，也是美国最大的森林保护区。1978年，联合国教科文组织宣布将黄石公园列入世界遗产名录。

　　去黄石公园游玩，必须非常小心，因为公园里的熊可不像电影里的瑜伽熊，它们是不好惹的，因此原来邀请游客给它们喂食的招牌也换成了危险警告牌。在20世纪30至60年代，每年大约有45人在黄石公园里面被熊袭击。熊不是故意伤害他们的，因为人们在给熊喂食的时候，熊分不清什么是食物，什么是伸出去喂食物的手。

　　你可以开车去公园，但你不能把食物放在车里显眼的地方；熊知道如何打开车门，甚至还会用开罐器开罐头。此外，露营者必须把食物从帐篷里拿出来，挂在2米远的树之间的一根绳子上，得把食物悬挂在 3 米多高的地方才安全。

在动画片中，瑜伽熊从冬眠中醒来，跑去偷走了游客的篮子，激怒了护林员，还造成了严重的交通拥堵。现在，这种情况不会再发生了，因为熊正面临灭绝的危险，无论是身高超过 2 米的灰色巨人——灰熊，还是身手矫健的巴里巴勒熊和黑熊，它们都逃到山里去了。

　　2016 年，美国国家公园管理局成立 100 周年庆祝活动在黄石公园举行。这个组织主要是负责保护美国国家公园的。

绿色和平组织

拯救亚马孙热带雨林[10]

　　曾经，地球被厚厚的绿色植被覆盖着。有丛林，有雨林，还有茂密的森林。雨水降落在地球的各个地方，地面的水分被太阳蒸发，成为空气中的水蒸气。树木喝了雨水，然后又通过蒸腾作用把水送回到大气中。人们喜欢藏着宝藏的丛林，却又惧怕隐藏其中的"食人魔"。人们在森林之中开垦出一些土地来播种小麦，同时开垦出一些葡萄种植园。一旦人类稍有分心，森林就会伸出绿色的触角和毛茸茸的根，夺回原本属于她的一切。后来，人类发明了机器，懂得如何利用能源，变得比森林更加机智灵活。人们用从森林中砍来的树木建造房屋、船只、家具。人们学会了造纸，印刷书籍。人们用草木点火取暖，烹饪食物。慢慢地，能够让树木扎根的土地越来越少，土壤变得贫瘠，泥石流频繁发生，因此能够通过光合作用释放氧气的树木也越来越少。世界上最后一个伟大的绿色保护区——亚马孙热带雨林，正在南美洲慢慢消失。掘金的矿工、雇佣军、烧荒人、采矿公司、石油公司成群结队地抵达那里，森林被残酷地砍伐。

他们在那里修建了水坝，将河流改道，挖掘铁矿（那片雨林中有着世界上最大的矿床）。养牛的农场也成倍增加，为所有国家的汉堡包提供原料。这片森林中古老的居民——印第安人也正处于消失的危险中，并发出了求救信息：请让我们生活下去，这也是在拯救你们的生命！

在过去的 20 年中，在绿色和平组织（前身是 1971 年在加拿大温哥华成立的"不以举手表决委员会"）的帮助下，雨林的破坏程度有所减轻。绿色和平组织的成员受到土著歌曲的启发，把他们的第一艘船命名为"彩虹勇士号"，从事环境保护活动。

羱（yuán） 羊
最强悍的登山者

　　在意大利西北边境与法国交界处曾经有一片皇家狩猎场，意大利曾经的一个皇室家族——萨沃伊家族经常带着朋友们到那里去狩猎。狩猎结束后，他们还会与猎到的羱羊合影。1919年，维多利奥·埃马努埃尔三世把这片狩猎场捐给了国家。1922年，这片区域成为意大利第一座国家公园——大帕拉迪索国家公园。这个公园风光秀丽，有很高的山峰（大帕拉迪索峰高达4061米），还有雪原和冰川，云层和风暴。当时没有像现在这样在冬天给动物喂食的习惯，因为人们认为这会削弱它们的生存能力，尽管如此，人们最终还是为高地羱羊和公园内其他动物建立了一家日间医院。医院可以照顾麂（jǐ）[11]和土拨鼠，还有鹰和松鸡。曾经销声匿迹的狼，最近也回到了这里。

　　公园中的高地羱羊被认为是这座天堂的王者，它们从不惧怕风暴，当知道风暴到来的时候，它们便站到山顶上，以便嗅到暴风的味道。它们在山地奔跑的能力比任何登山者都强，可以凭借一种非凡的平衡能力从一块巨石跳到另一块巨石上，它们从小就必须学会在几乎垂直的悬崖峭壁上行走的本领。它们之所以具备这样的能力，一来是为了躲避天敌的袭击，二来也是为了吃岩石上的一些盐巴。在下雪时，它们也可以想办法保持一个星期不动，直到雪堆变得足够紧实。羱羊的交配季节在每年的11月和12月之间，其间雄性羱羊会参加一场非凡的对决。小羊一般在5月至6月之间出生，每只羱羊每次生一到两只小羊。羱羊有着弯刀形的犄角，人们可以从这些角中识别出不同的亚种：羱羊欧洲亚种、羱羊意大利亚种、羱羊高加索亚种。

这座公园里还有一个特殊的花园天堂，这座花园是20世纪50年代建造的，名字来自自然生长的野生百合。除百合外，公园里还有数千种欧洲高山物种。2006年，这座公园被授予欧洲自然保护区证书。

塞伦盖蒂

条纹飞机

本哈德·格兹梅克和迈克尔·格兹梅克是一对父子，两个人都是动物学家，共同研究凶猛的野生动物。他们制作了一部纪录片，凭借这部纪录片获得了很多奖项，随后他们捐出了部分收入，用来扩大非洲坦桑尼亚塞伦盖蒂国家公园的占地面积。后来他们又被建议用这笔钱从事另一项工作：研究这个国家公园里的动物的迁徙，包括狮子、长颈鹿、斑马等。父子俩都有飞行员执照，并拥有一架小型飞机。他们在飞机上涂满条纹，以便更好地融入整个公园的环境中。那时，整个公园的面积超过 12000 平方千米，是世界上最大的动物园。各种动物在里面过着自由自在的生活，有令人印象深刻的牛群，有全世界最漂亮的狮子，还有斑马、犀牛、大象、长颈鹿、羚羊、鸵鸟和鹳等。这对父子在那里观察，拍摄并统计。公园里还有著名的死火山——恩戈罗恩戈罗火山。

有一天，当迈克尔驾驶飞机去找合作伙伴，想要把他们带到火山口的基地小屋——他们的工作差一点儿就可以完成了。

但是在飞行过程中，一只秃鹰与这架小型飞机的机翼相撞，飞机坠毁了。迈克尔被安葬在恩戈罗恩戈罗火山口的边上。人们为他立了一座碑，上刻有铭文：迈克尔·格兹梅克（1934—1959）生前曾竭尽所能，致力于保护非洲野生动物。

迈克尔和父亲一起写了一本书，标题是《塞伦盖蒂不能死》。1961年，加尔桑迪出版社在意大利出版了这本书，而格兹梅克的纪录片也获得了奥斯卡奖。

熊　猫

世界自然基金会

　　关于世界自然基金会这个组织，可能你已经听说过很多次了。这个自然基金会于 1961 年在朱利安·赫胥黎 [12] 的倡议下，由荷兰的贝尔纳多和爱丁堡的菲利普，以及英国女王伊丽莎白二世的丈夫赞助成立。意大利分部由福乐克·普拉特西于 1966 年创立。世界自然基金会的宗旨是保护世界生物的多样性，确保可再生自然资源的可持续利用，推动降低污染和减少浪费性消费的行动。世界自然基金会自创立伊始，其标志就是大熊猫，是以名为"姬姬"的大熊猫为模型设计的。这只大熊猫是从北京动物园迁至伦敦动物园的，之所以选择它，是因为它的形象看起来更容易辨认，并且更能够引起人们的同情。

　　大熊猫黑白相间，体型简直就像一只熊的样子。但大熊猫刚出生时个头非常小，它的母亲要在怀中抱它 9 个月。或许会有小朋友以为大熊猫的宝宝就是小熊猫，其实不是的，小熊猫和大熊猫是两种不同的动物。小熊猫身体小，只比猫大一些，身上长着红褐色的皮毛，四肢是棕黑色的。它们有一条漂亮蓬松的长尾巴，尾巴上有 9 节红棕色与白色相间的环纹。

　　大熊猫生活在中国，每天大约花费 13 个小时吃竹子，10 个小时睡觉，还有 1 个小时则用来洗澡、玩耍和与同伴交流。大熊猫是中国的国宝，中国在 1982 年还发行了熊猫纪念币。现在，大熊猫生活的森林已经被中国设立成了自然保护区，完全被保护起来了。

大 猩 猩

金刚

金刚是一只虚构的巨大的大猩猩，是 20 世纪 30 年代拍摄的一系列电影的主角，它爱上了一个人类的女孩。这个系列电影改编自当时一个记者写的小说。说到金刚，你也许就会联想到大猩猩。其实大猩猩没有金刚那么巨大，但也是足够高，足够壮了。它们会像人类一样铺床，虽然它们的床上只有树叶。它们可以只用双脚走路，但是这样的话，就必须把两只手交叉在脖子后面，不然的话会因失去平衡而摔倒。人们曾经认为大猩猩非常凶猛，但实际上，它们都是非常温顺的动物，而且只吃素。虽然长得非常强壮，但是大猩猩发起攻击的时候一般都是为了保护自己，它们做出一副非常吓人的模样，还会用拳头敲打自己的胸脯，让你觉得它是要认真打架的。它们甚至还能跟人类交朋友，但前提是，这个人或者这些人值得拥有大猩猩的友情。比如，美国旧金山的动物学家戴安·弗西就跟大猩猩成了朋友。50 多年前，她到中非的大山里研究大猩猩，后来也同为大猩猩失去了生命，52 岁的时候在卢旺达去世了。她原本是个年轻的教师，学生都是身体有缺陷的孩子。她听说大猩猩快要灭绝了，于是就想做些什么阻止这样的悲剧发生。她设法加入对山地大猩猩开展普查的队伍，努力寻找它们，克服了自己的孤独感和因当地居民对她的敌对情绪而产生的恐惧感。当地人对她有敌意，是因为他们从大猩猩贸易中获得了很多好处。戴安·弗西通过研究大猩猩，学会了怎么去爱它们。她发现大猩猩长得都很漂亮，鼻子扁平，身上的黑色皮毛有光泽，而又彼此不同。她和她的大猩猩上了头条新闻，并且获得了保护大猩猩的补助金。补助金可以让学生们继续进行研究，也可以让打击偷猎者的警卫得到训练。现在世界上仍有大猩猩存活着，戴安功不可灭。但是她却被杀害了，而凶手的名字无从知晓——也许是个偷猎者。1988 年，一部名叫《迷雾中的大猩猩》的电影上映了，电影改编自戴安·弗西于 1983 年，也就是她去世前两年写的自传。

黑猩猩

珍妮·古道尔

　　故事是这样的，20 世纪 30 年代，英国有个小姑娘在出生的时候收到了一件礼物。这件礼物是一只长毛小猴子玩偶，不是传统的毛绒小熊。可能是因为这只小猴子，也可能是迷恋上了当时流行的小说《人猿泰山》，这个小姑娘长大以后成了一名动物学家，成为世界上最著名的研究黑猩猩的学者。她就是珍妮·古道尔。她初到非洲坦桑尼亚的时候，看起来还只是个瘦弱的金发小姑娘，所有人都认为她坚持不下去。

　　第一次见到黑猩猩时，珍妮一动不动，然后，她慢慢地坐下，而对面的一对黑猩猩则继续梳理毛发。这

可不是不礼貌的举动，而是信任的表现，黑猩猩只会在朋友面前打扮自己。最终，它们变得非常信任珍妮，甚至开始去她家玩，东翻西翻，而她从来没有骂过这些黑猩猩。也正是这样，珍妮才能把黑猩猩的故事讲给我们听。它们的族群故事就像一部小说，充满着爱、战争、生存与死亡。珍妮说，黑猩猩和大猩猩一样聪明，但它们拥有更丰富的想象力。它们是唯一一种可以像人类一样使用工具的动物：它们把皱巴巴的叶子当成喝水用的杯子，用树叶来清洁自己，用树枝敲敲打打，还会用小木棍捉白蚁吃……而且，如果一只猩猩学会了什么东西，它还能把这个技能教给它的同类。在美国就有这样一只被载入史册的黑猩猩，它名叫华秀。它学会了手语，并且把这个技能教给自己的孩子。2007 年，这只黑猩猩去世了，享年 43 岁。

龟

世界上寿命最长的动物

　　汤加是波利尼西亚群岛（处于大洋洲）的一个王国。伟大的航海家库克船长送给汤加国王一只名叫图伊·马里拉的大龟。这只大龟活了188年。如果这只大龟会说话，一定会讲出很多故事。虽然并不是所有龟都这么长寿，但是大部分龟的寿命都很长，甚至能活到100岁。

　　龟是我们星球上最古老的居民之一，它们在地球上已经生活了2.25亿年，而且自从出现在地球上，它们的样子就没怎么变。现在世界上至少有250种龟，其中有淡水龟、咸水龟，也有陆地龟。它们的样子长得都差不多（只是生活在海里的龟，四肢已经变成了鳍），走到哪里都背着自己的"房子"，因此它们爬起来都很慢。在任何情况下，龟都可以把自己的整个身体缩进壳里，包括睡觉、防御，还有冬眠。澳大利亚有一种龟，脖子像蛇一样长，它把自己缩进壳里的时候要把脖子折起来。除此之外，龟的大家族里还有很多奇怪的成员。比如鳄龟，长着鸟喙一样的嘴；南美洲的枯叶龟，长得像干枯的叶子；还有生活在北美洲的麝龟，会发出一种很臭的味道，所以被人起了个别名"臭气弹"；在加拉帕戈斯生活着一种象龟，身材巨大，达尔文在航行过程中就曾遇到过；还有一种体形很小很小的龟，以前会被人们放在街头贩卖。非洲东部印度洋上的塞舌尔群岛上有很多巨型龟，因此也被称为龟群岛。其中，阿尔达布拉环礁上，有 100 多只巨型龟。

世界上大多数龟都非常懒惰，只有生活在海里的海龟比较勤快。为找到一个安全的地方产卵，海龟会游上几千千米。它们把卵埋在海滩的沙子下，却仍然无法避免小海龟出生后被捕食的动物吃掉。德国作家米切尔·恩德是乌龟的好朋友。20 世纪 70 年代，这位生活在意大利的作家，在自己的园子里给乌龟们盖了个房子，还把海龟写进了自己的小说《永远讲不完的故事》《毛毛》。他还写了一个名叫《犟龟》的小故事。还有一位作家写了一本专门讲阿尔达布拉龟的书——《变成乌龟的奶奶》，书中有一位老奶奶随着年岁增长，渐渐变成了一只龟。

狼

小红帽

人们都说狼是一种非常凶猛的动物，它们会吃掉老奶奶，吃掉天真无邪的孩子，就像《小红帽》故事里讲的一样。但是，也有人不这么想，比如1000多年前的阿西西的圣方济各[13]。他认为世界上所有生物都是上帝的子女，他把太阳当作兄弟，把流水当作姐妹，把狼当作兄弟。可是，如果狼把我们的兄弟给吃掉了，还意犹未尽地舔着胡须，我们又该怎么办呢？可能在那个年代，只要跟狼解释说这些事不能干，就能解决问题。这么看来，圣方济各似乎掌握了跟动物说话的能力，就连成群的鸟儿也会飞来听他布道。

据说，在意大利翁布里亚大区的古比奥小镇有一只狼，经常杀害山羊和牧羊人，对那里的人们造成了很大的困扰。小镇坐落在一个山坡上，周围建有锯齿状的围墙和倾斜的屋顶。方济各来到树林边上，无所畏惧地等待那只狼。见到狼后，方济各向它显示了友好的来意，并且答应只要它不再去打扰小镇上的居民，不再杀害小镇居民养的动物，就保证每天给它准备一顿餐食。从那时起，狼的食物每天都有保障，小镇上的人们也可以安心地放牧，或者去树林中伐木。也许这是个奇迹，也许方济各明白树林中食物匮乏，而狼是因为没有食物可吃，才去袭击山羊和牧羊人……有人说，那只狼其实是个狼人，或者是一个没有主子的雇佣兵，被迫进入树林，终日游荡，打猎和抢劫小镇的居民只是为了生存。那个年代有很多这样的雇佣兵，发生战争的时候，他们跟随士兵一起战斗；没有战争的时候他们就只能躲在丛林之中。这些雇佣兵不能过平静的生活，家里也没有热腾腾的晚餐。但是，上面讲的狼与人类和平共处的奇迹却是真实发生过的。人们破除了带有敌意的壁垒，向可怜的动物伸出援手。

如今，狼这种动物正面临着灭绝的危险，1976年，意大利也开始了保护狼的行动。在意大利的阿布鲁佐大区和皮埃蒙特大区，有观赏狼的旅游路线，旅游路线上也有足够的保护措施。在法国，甚至有可以让人们在里面步行或者骑自行车观赏狼的保护区。

海　豚

海上杂技师

　　海豚在这个世界上存在很久了，它们是鲸的表亲，而且还是大海上的杂技师。它们会在大海里跟着船一同畅游，并且会时不时地跃出海面。它们从水中跳出，主要是为了呼吸，因为它们并不是鱼，不能在水下呼吸。通常情况下，海豚在水下只能停留几分钟，3分钟对于它们来说已经算很长了。这个现象是到了近代才被人发现的。在这之前，很多人认为海豚在大海中翻滚跳跃，只是在用它们自己的舞蹈来向给他们投食的人们表示感谢。

　　我们会听到很多讲述人类和海豚友谊的故事。有的故事会讲到，在海上遇难的人们被海豚救起来，带到岸边；还有的说，友好善良的人类会把搁浅在沙滩上的海豚送回大海。人们说，海豚是一种绝顶聪明的动物。你还能在新西兰的一些海湾里见到海豚用一种令人难以置信的方式跟小孩子嬉戏玩耍。很多水族馆里也有海豚，它们的表演深受大家喜爱。但是在地中海，却有很多海豚成了金枪鱼捕捞业的受害者，它们会被卷入金枪鱼捕捞网里面。

海豚体内天生有非常灵敏的声呐系统，可以被它们当作一种天然雷达使用。正是因为这种特殊的生理特性，在第二次世界大战中，有些国家对海豚进行训练，让它们专门去拆除敌军蛙人在本方舰船下面布置的水雷。

如果要说到关于海豚的有趣故事，那一定要讲一件发生在南非水族馆里的事情。曾经一个游客发现一只小海豚好奇地盯着他看，游客想看看小海豚对他的行为会有什么反应，于是吸了一口手中的香烟，然后把烟吐向小海豚。游客吐出的烟在玻璃墙上形成了一团雾。这时候，小海豚马上游回到它妈妈那里，吸了一口妈妈的奶，然后又游回到游客那里，向他吐了过去。水中的景象变得模糊起来，而游客也吃惊地站在那里，瞠目结舌。

珊　　瑚

我把骨头留在这，去去就回

　　在南半球的探险旅行中，库克船长[14]到澳大利亚时，他的船撞上了海岸外沿的一圈珊瑚礁。这一圈珊瑚礁，就是著名的大堡礁[15]，如今它仍然在澳大利亚附近一片叫作珊瑚海的海域里。这片海之所以叫作珊瑚海，正是因为大堡礁的珊瑚礁群的存在。

　　珊瑚礁并不是石头，而是一些小动物的骨骼（钙质硬壳）沉积而形成的。这些小动物不像我们那样——骨头长在身体里，也不像海龟那样——骨骼长在身体外面。它们会把自己的骨骼丢在一边，跑到别处去玩，玩完之后又回到原地休息。这些小动物叫作石珊瑚，它们不喜欢孤独，而是更喜欢群居生活。它们把自己的骨骼一个紧挨着一个地叠在一起组成山一样的珊瑚礁，或者珊瑚岛。经常会有船只因撞上珊瑚礁而搁浅。

　　珊瑚礁通常在水平面上下一点点的地方生长，不会超出水平面太多，不然的话那些小动物会死掉；也不会长在水下100米，或者更深的地方。大堡礁经历了无数个世纪才得以形成现在的样子，意大利的多洛米蒂山就是石珊瑚用了 2000 多年的时间塑造出来的。

曾经有一段时间，意大利那不勒斯有一个风俗，人们会给新生儿戴上一串珊瑚手链。如果手链上的珊瑚变成了惨白的颜色，那就说明这孩子生病了，要带他去看医生。如果你妈妈有一串珊瑚项链的话，你不妨借来放在枕头下面。躺在枕头上，闭上眼睛，仿佛可以听见海浪拍打的声音，可以闻到大海的味道，也可以漫游在蔚蓝色和碧绿色的光影中。海浪在岸边破碎成无数泡沫，这时你的耳边会传来沙滩上嬉戏的孩子们的声音，他们在世界的尽头，在海天相接的地方快乐地玩耍。

鲨鱼

古老的电子机器

　　鲨鱼是一种很奇特的动物，它们现在的样子跟 3 亿多年前，第一次在地球上出现时一模一样。而且，鲨鱼的生理结构也非常科幻，它们天生就拥有一套非常精密的感应系统，这让它们得以在海洋的复杂环境中生存下来，并成为大海的主宰者之一。因此，鲨鱼并不需要像其他鱼类一样对自己的身体构造做出什么改变。但是，鲨鱼也有自己的缺陷，它们在水中必须始终处于运动状态，一直游来游去，不能停下。不然的话，它们就会沉到海底。因为鲨鱼的身体里并没有其他鱼类都具备的鱼鳔。

鱼类可以用鱼鳔调整自己在水中的整体密度，让自己在水中上升或下沉，或静止不动。作为对这一缺陷的一点点补偿，鲨鱼的身上长着非常精密的感应系统，这个系统让它们能够快速准确地感受到附近发生的一切。在鲨鱼的身体侧面排列着一个个感觉器官，这些感觉器官会像雷达一样工作，对水中的每种振动都很敏感。如果你想要在水中保护自己不被鲨鱼发现，并且你身上没有任何伤口（因为鲨鱼的皮肤上还有一些小的感应槽，它们可以识别水中血液的味道），你只需要保持不动就可以了。

鲸

喷气课

　　如果你想在大海上发现鲸，只要牢牢盯住海平面就可以了。这样就会发现海平面上喷出水柱的鲸。鲸被人们称为大海的女王。其实鲸并不是鱼，而是哺乳动物。它们通常至少要每隔20分钟就浮出水面呼吸一次，但是一般情况下，它们浮出水面呼吸的频率可能更高一些。鲸浮出水面的时候，会把在水下积攒在气管里的空气全都喷出来。它们不能像人类一样把这空气储存在肺里，只能储存在连接肺部的气管中，如果上浮太快的话，鲸会因为肺部爆炸而死。鲸喷出的空气的温度和它们的体温一样，都是 37℃，空气喷出来以后，突然接触到周围的冷空气，会变成液态，看起来就好像喷泉一样。这个现象被叫作排气。通过排气的水柱，我们可以看出抹香鲸和其他鲸类的区别。其他鲸类排气的时候，喷出的水柱是笔直向上的，而抹香鲸喷出的水柱像比萨斜塔一样，斜着向前的。如果有幸遇到小抹香鲸学排气，你会发现那场面很有趣。通常它们会"集体学习"，有时候整个抹香鲸群甚至会超过 200 只，所有的抹香鲸有序排列（就像等待阅兵的部队一样整齐），排出废气。年轻的抹香鲸向年老的抹香鲸学习，它们每隔 10 分钟就浮出水面一次，每次上浮会喷气 70 次，每次 7 秒钟。还有另外一种区别抹香鲸和其他鲸的方法，你可以观察它们的下巴。如果头部巨大，而下巴很小，那你看到的就是抹香鲸。抹香鲸的嘴里长满了细小而锋利的牙齿，《白鲸》[16] 里描写的白色抹香鲸就是用这样的牙齿吃掉亚哈船长一条腿的。须鲸就没有这样的牙齿，它们的嘴里长着鲸须，这些鲸须可以像滤网一样，把跟海水一起进到嘴里的小鱼小虾留在嘴里（海水会被须鲸压出口腔）。

鱼

水下发声信号

呼噜，呱呱，咔嗒，啪嗒……好多奇怪的声音呀，这是怎么回事？我们没有跑到米老鼠的漫画里，也没有碰上华特·迪斯尼的英雄与瘸腿强盗在打架。其实我们是来到了水下世界，听到的是水中鱼儿在说话。可是，这怎么可能呢？但实际上鱼也会说话，就像小鸟、小狗或者小猫一样会说话，只不过鱼是用自己的方式说话而已。

水下生物声学是到近代才出现的一门科学，第二次世界大战后得到了大力发展。最初是为战争而开发的一种利用声波探测水下物体的技术，现如今已经发展成了庞大的声音库，可以收集和保存各种类型的声音。在水中，有许多物种都会巧妙地利用声音传递信息，因为声音在水中的传播速度比在空气中的传播速度快4倍左右。

鱼类发出声音信号的方式不尽相同，有的通过摩擦牙齿发出高频率的声音信号，有的则通过摩擦坚硬的鳍来发出声音信号。其不同声音信号表示的意思也不同，鱼类通过声音信号交流的内容主要有表示保护自己的"活动领土"、求偶等几种。从甲壳类动物到鲸类，从海豚到抹香鲸，它们都会发出独特的声音信号。

目前，有些大学有开设陆地和海洋生物声学的本科课程，如果感兴趣的话，你可以去听一下。如果你还想了解更多关于动物的神秘语言的知识，可以读一下意大利著名个体生态学家、威尼斯大学博士达尼洛·迈纳迪的书：《动物行为》《我所认识的狗》《走进动物的思维》。

海星

胃会从嘴里伸出来的食肉动物

　　各种各样的海星有着各种奇怪的名字，有的叫血海星，有的叫海燕，还有的叫蝙蝠海星。而且海星的颜色缤纷多彩，有黄色的、红色的、绿色的、天蓝色的，还有棕色的。海星的名字里虽然有个"星"字，但它并不是天空中闪耀的那种星星，而是一种生活在海里的星形生物，世界各地的海域都有它们的身影。它们是游荡在海底的肉食动物，也是我们这个星球上最古老的居民之一。它们的身上有长着 5 个角的，但也有 6 个角、8 个角、20 个角，甚至最多能长 45 个角。海星的体型有大有小，最小的海星两个角的距离只有 1 毫米。一般情况下，海星在进食的时候会把它的胃从嘴里伸出来，罩在食物上，把食物消化掉以后，再把胃缩回原来的地方。通过这种方式，它们甚至可以钻进贝壳里吸食里面的软体动物。有的海星会把卵产在自己的胃里却从来不会误食，还有的海星会把所有的角收在一起，形成一个小篮子的形状，保护刚刚产下的卵。海星在海里的生活通常是自由自在的，因为几乎没有任何动物会对海星产生兴趣。

鳗鱼

动物们的假期

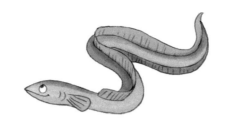

　　有些动物和学生们一样，会有假期，他们的假期被称为迁徙。地球上许多动物都喜欢迁徙，比如鸟类、蝴蝶，还有鱼类。鲸在赤道附近过冬，夏天又回到南极或者北极。鳗鱼在淡水环境中成长，在秋天离开湖泊和河流进入大海，它们会向着大海深处的目的地游去，人类经过大量研究发现它们会游到大西洋温暖的海藻中进行繁殖。小鳗鱼将沿着它们父母走过的路返回淡水中，最久要花上 3 年时间才能到达。在这样的旅途中，它们在没有月亮的黑夜里排着队，游着，看上去就像一支队形整齐的军队。而鲑鱼这种粉红色的大鱼会从大西洋出发，到北美和北欧的河流中繁殖。它们以巨大的力量穿越急流和瀑布，向河的上游奋进。一旦产下卵，它们就会在 15 天内死亡。为了产卵，有的海龟则会跋涉 2000 千米，直达大西洋上的一个小岛——阿森松岛。

海　豹
三分钟睡眠

　　如果你仔细观察海豹的眼睛，你会发现它们似乎总是眼泪汪汪，一副我见犹怜的样子。它们并不是装可怜，而是它们在陆地上的时候要保持眼睛湿润。其实，它们在海里游泳时也是流着眼泪的，只不过掉下来的眼泪很快被海水带走了。海豹可以生活在水里，也可以生活在陆地上。它们在水中的时候会很自如，而到了陆地上却只能步履艰难地爬行，因为它们的四肢已经变成了鳍。在陆地上，海豹能拖着自己的身体向前移动，因为它们的皮毛天生就不会打滑。也正是因为这样，在没有缆车和索道的时候，人们会在滑雪板的下面包上海豹皮往山上走。另外，海豹还面临着被猎杀的危险，因为海豹皮毛有两层，保温效果好，柔软的毛发比合成纤维或者鹅绒更加保暖。如今，我们早就已经习惯了使用人造皮毛，并且通过这种方式去保护野生动物。这样一来，海豹的生活环境也越来越好了。

　　我们再把目光转到小海豹身上。它跟小孩子长得不一样的地方，不仅在于外观，呼吸的方式也不同。潜水的时候，海豹不需要像人类一样用两只手指掐着鼻子，因为它可以像我们闭紧嘴巴一样闭合鼻孔。这种能力对于海豹来说是至关重要的，因为他们有时候会在水里睡觉。不幸的是，它们在水里睡觉最多只能睡三分钟，因为它们在入睡的时候很有可能会向大海深处沉下，最后无法呼吸。它们必须游回到海面上呼吸空气，再进入睡眠状态，然后再回到海面上呼吸。小海豹会觉得这是很自然的习惯，但却并不舒适。可能有时候，它在睡觉的时候会梦见自己变成了一个小孩。只有变成了小孩，才能睡个安稳觉，一觉睡到天亮。

企　鹅
只穿燕尾服

　　如果有天早上醒来后，你发现自己变成了一只企鹅，那么恭喜你，你很幸运，因为你不用担心种群会灭绝。当然了，前提是地球不会升温太多。因为你是生活在南极洲的冰雪上的。那里有很多贝类和虾，可以让你敞开吃个饱。而且你的天敌们，像海豹、海狮、虎鲸这些动物也因为狩猎活动，变得越来越少了。另外，你会发现自己的样子有点像西方旧时代的管家，穿着一身燕尾服，这种衣服就连现在的歌手都很少穿了。

　　在孵化小企鹅的时候，除了帝企鹅是由爸爸负责孵卵之外，其他种类的企鹅是由爸爸和妈妈轮流孵卵的，它们会把卵架在自己的两脚之间，不论去哪里，走路都会非常小心。它们两个一刻都不会离开自己的卵，因为经常会有偷卵的贼来偷它们的卵。两只企鹅，一只在孵卵的时候，另一只就会出海狩猎。

　　你变成的这只企鹅，在水中游泳的速度飞快，但是在陆地上只能慢腾腾地小步移动。当你进入大海的时候，你会发现自己仍然保留着祖先留给你的各种特征，祖先把海鸟、飞行家和游泳健将的所有特点都汇集在了自己的身上。在水中的时候，你身上的颜色可以完美地保护你。因为你的肚皮是白色的，而脊背是黑色的，这样一来，当海洋里的动物往上看的时候，你那白色的肚皮和光线融合，就不容易被发现，同样的，陆地上的动物往下看的时候，你那黑色的背部和海水的颜色是相近的，这样你也不容易被它们发现。

如果你有了配偶，那么你的配偶将会是你一生的伴侣，除非发生意外。但是企鹅并不喜欢意外事件发生，因为那些放弃了冰天雪地里的生活，跑到赤道上的加拉帕戈斯群岛生活的亲戚，正面临着灭绝的危险呢！

鳄鱼

吃点石头当早餐

想要区分短吻鳄和其他鳄鱼其实很简单，只要观察它们的嘴就可以了。短吻鳄的嘴比其他鳄鱼的嘴宽，其他鳄鱼把嘴闭上的时侯，下颚两边第4颗牙齿会露出来，牙齿没有露在外面的就是短吻鳄。但是，如果你遇到了鳄鱼的话，可千万不能浪费时间去观察它。你唯一可以做的就是找到一根木棍，然后把木棍竖着插到鳄鱼的嘴里，这样它就再也闭不上嘴了，也不能咬你了。当然了，这种行动也是需要一定练习的。但是遇到鳄鱼这样的危险情况通常只会在非洲碰上，可能你妈妈当时正在河边洗衣服，而你爸爸是对付鳄鱼的高手。放心吧，他一定会随身带着一根木棍的，以防自己的妻子或者家人被鳄鱼吃掉。

鳄鱼是少有的会主动攻击人类的动物之一，即使它们没有受到人类打扰，也会攻击人类。它们吃东西的时候都是直接把食物吞下去，从来不会浪费时间去咀嚼。在进食的时候，它们还会吃些石头，这些石头可以帮助它们碾碎胃里的食物。如果你想和父亲一起去捕猎鳄鱼，最好不要白天去。传说鳄鱼总是在肩膀上擎着一只小鸟，小鸟会在它们进食后帮它们剔牙，而且有敌人靠近的时候还会向鳄鱼发出警告。你最好晚上拿着手电筒去找鳄鱼，即使它们看见你也没关系，因为它们会被灯光迷住的。

世界上现存鳄类 3 科 8 属 23 种，大多分布在非洲、中美洲、亚洲南部等热带和亚热带地区，只有中国的扬子鳄和北美洲的密西西比鳄分布于温带。

白头海雕[17]

美国的象征

　　你是一个人类小孩子，需要用望远镜才能看清远处的东西。如果你是一只鹰，就会天生拥有超凡的视力。你可以在高空中飞翔，视线聚焦在猎物上，然后猛地俯冲下去，从空中抓住一条鱼，或者一只小兔子。如果你是一只金雕，你会把自己的巢穴修筑在满是岩石的山巅。然而，如果你不是金雕而是一只海雕，就会把巢建在高高的大树上，因为海雕喜欢舒适宽阔的巢，一般有3米宽，6米深。如果结婚的话，那就是一辈子的事情了。你们夫妻二人一起平等地轮流孵化你们的孩子。鹰在求偶的时候，会在天空中跳出壮观优美的舞蹈，而这优美的舞蹈表演有时候会持续好几天。

　　有一件事应该可以算是让鹰家族最为自豪的——1782年，生活在海岸边，以及湖泊、河流边上的白头海雕，被选为了美国的国鸟，成为美国的国家象征。美国国土上被英国人占领的殖民地刚获得独立的时候，本杰明·富兰克林[18]跟英国殖民者签订了停战协议，他原本想用火鸡作为美国的象征，因为这种动物非常温顺，也具有脚踏实地和坚忍不拔的性格。但是美国人民对这种想法嗤之以鼻，他们更想选择鹰作为自己国家的象征。他们不愿意让一种家禽代表自己。他们想要自由，想要成为更广阔空间的主宰者。1973 年，美国颁布了一项法律来保护濒临灭绝的白头海雕。白头海雕曾经一度被人们当作狩猎活动的奖品，几乎被人们捕杀殆尽。现在，在北美洲各地，生活着约 8 万只白头海雕。

白头海雕曾被人叫作秃鹰，因为它的英文名是"Bald Eagle（秃头鹰）"，这种错误的叫法实际上是用词模糊导致的。我们追溯历史便会发现，早在古罗马时期，罗马人就已经把鹰作为帝国的象征了。后来，统一奥地利和匈牙利的哈布斯堡家族[19]又选择了双头鹰作为皇室的象征，但他们选的是生活在阿尔卑斯山上的金雕。除此之外，俄罗斯联邦在苏联解体之后，也选择把象征着沙皇俄国[20]的双头鹰刻在了国徽上。

火 鸡

想吃什么，看心情

在城市里，你可以看看你的周围，观察一下地铁里或者广场上人们的穿着，你会发现很多人穿的都差不多：牛仔裤、T恤衫、运动鞋……女性也经常穿着平跟鞋，或者高跟鞋，有的女孩还会穿那种细高跟的皮鞋。你的曾祖父那辈还是小孩子的时候，男性穿得都很朴素，颜色主要是蓝色、灰色和棕色，颜色鲜亮的衣服都是女性穿的。然而，火鸡却恰恰相反。如果你是一只公火鸡，那么你的身上会长出色彩非常华丽的羽毛；但你如果是一只母火鸡，那么你就只能长出一身素色的羽毛，像工作服一样。

如果你是一只火鸡，你就会明白，你的所有同类，也就是所有的火鸡虽然都长着翅膀，但是都不会飞。因为火鸡是一种喜欢安定生活的动物，喜欢脚踏实地（不好意思，是爪踏实地）。如果你是只公火鸡，你肯定会觉得带孩子就是母火鸡该干的事情。带孩子这件事，公火鸡想都不会去想一下。这就跟鹰的区别很大了。雄鹰才不会对带孩子嗤之以鼻呢。公火鸡总是一副趾高气昂的样子，而且经常开屏。其实在某些人类的语言里，也会经常说一个人像孔雀开屏那样爱慕虚荣，因为孔雀尾巴上的羽毛非常华丽，色彩炫目。火鸡也是一样。然而，火鸡虽然长着漂亮的羽毛，但是叫声却非常难听，家养和野生的火鸡声音都一样难听。

另外，由于火鸡喜欢生活安逸，所以家养的火鸡一般不会飞走。至于饮食方面，由于火鸡连沙子和石子都能消化，所以想吃什么，完全看心情。火鸡还有很多其他优点，比如它烤起来很好吃，比如它可以打败毒蛇，等等。虽然火鸡来自北美洲，但是在墨西哥也有人圈养火鸡。火鸡虽然不会飞，但是它们却跟着哥伦布[21]来到了欧洲，甚至可以说转遍了整个世界。

秃　　鹫（jiù）

太阳的使者

　　如果你看过美国的西部片，就会发现电影里有这样的场景——成群的秃鹫飞到有死尸的地方，甚至有时候，人还没有死，只是受了伤，也会招来成群的秃鹫。在人奄奄一息的时候，秃鹫不会马上攻击这个人，只会耐心地在一旁等着，等待这个人的生命终结。在美洲印第安人看来，这些秃鹫实际上是神鹰，它们不会攻击人类，更不会攻击人类的小孩。它们只吃腐烂的尸体，或者濒死的动物，有时候也会捕捉一些小型动物。

　　美洲印第安人始终把秃鹫当作一种值得人们尊敬的动物，把它们当作太阳的使者，因为秃鹫能飞得很高。然而，欧洲人把秃鹫当作死神的信使，并且将秃鹫残忍地赶尽杀绝。美国人对待秃鹫曾经也不友好，生活在加利福尼亚州的秃鹫就曾濒临灭绝，到1987年，那里只有22只秃鹫了。为了拯救这22只秃鹫，人们把它们纳入了加州石峰国家公园的繁殖计划中。据说这座公园的生物学家会从秃鹫的巢中把它们的蛋取走，放在孵化箱中进行孵化，用鸡蛋黄和老鼠肉喂养小秃鹫。为了避免给小秃鸳留下错误的印象，研究人员在与小秃鹫接触的时候会带上秃鹫面具和鹰爪手套。这是因为如果小秃鹫破壳而出时第一眼见到的是人类，这会让它在往后的一生中都无法对自己的身份有一个正确的认知，那可就糟了。他们的这种做法借鉴了康拉德·劳伦兹的研究成果。劳伦兹研究出了鸟类生长的规律，并且凭借这项研究成果获得了诺贝尔奖。

　　小秃鹫长大后会被放回大自然中，但它们的翅膀上都会打上一个身份识别标签。现在，在美国的加利福尼亚州、亚利桑那州和墨西哥的部分地区，已经有至少 300 只秃鹫了。

　　有一位意大利滑翔机飞行员，名叫安杰罗·达利哥。他不仅全力以赴拯救秃鹫，还曾经驾驶着飞机，带领一群迷路的西伯利亚灰鹤沿着安第斯山脉，重新找回了迁徙的路线。为了纪念他的这一壮举，马可·维萨阿尔伯基与意大利广播电视公司在 2007 年共同拍摄了一部电影，名字叫《为飞翔而生》。

红嘴海鸥

领地标记

　　每到夏天，红嘴海鸥会长途迁徙到北方"度假"。它们会飞到英国海岸边的一个小岛上，那里有一片自然保护区，是红嘴海鸥的度假胜地。一到那里，所有的红嘴海鸥便开始找地方安家。它们会在沙滩上找到一个属于自己的角落，然后在自己的领地上做标记。如果有其他红嘴海鸥侵犯了自己的领地，它们会半闭着眼睛，张开翅膀驱走入侵者。如果有其他红嘴海鸥在自己的眼皮底下做出挑衅行为，那么它们可能会像电影里演的那样，说："不要再向前走，否则……我就对你不客气了！"其实，不会有任何一只红嘴海鸥得寸进尺的，因为这种鸟尽管看起来很勇敢，实际上都是胆小鬼，就连谈恋爱的时候都是女孩子主动。求偶的时候，雄性红嘴海鸥会把翅膀并拢在身体两侧，

小心翼翼地慢慢靠近雌性，用这种方式来表达自己没有敌意。如果雌性红嘴海鸥懂得了对方的意思，就会把自己的喙放在雄性的喙上。这时候，如果雄性从自己的嘴里吐出食物给雌性吃，那么求偶就算完成了。然后，这一对红嘴海鸥就在一起了，成为彼此一生唯一的伴侣。它们会商量很久，最后决定在哪里筑巢。然后，共同建造自己的爱巢，轮换着孵化小红嘴海鸥。如果夫妻两个都离开自己的蛋的话，可就意味着灾难降临了，因为红嘴海鸥生活的地方四处都是"盗贼"和"杀手"。但是，如果掠食者胆敢来犯，所有的红嘴海鸥都会团结起来，飞到空中用叫声赶走掠食者。而小红嘴海鸥也会把自己隐藏在灌木丛中或者沙土下面。外出觅食的红嘴海鸥重新飞回地面后，会通过啾啾声认出自己的孩子，然后把孩子领回自己家里。当天气变得寒冷时，所有红嘴海鸥会聚集在一起，不论老幼，全都飞向南方过冬。

这些知识都是尼古拉斯·廷伯根告诉我们的。1973年，他和康拉德·劳伦兹、冯·弗里施共同获得了诺贝尔奖。

鸽 子
天空中的信使

　　以前，威尼斯圣马可广场上的鸽子是吸引众多游客前来游玩的景观之一。你可以从广场边商贩的小推车那里买来用纸杯装着的玉米去喂鸽子。后来，广场上的鸽子越来越多，而且它们还学会了获取游客手中食物的办法。到了今天，它们甚至开始去抢餐厅顾客的三明治了。所以，现在人们对它们都很小心警惕。

　　历史上，鸽子曾经是人类非常得力的助手。在广播、电视、电话还没有发明出来的时候，在火车、飞机还没造出来的时候，信息的传递只能靠人的脚力或者骑马送信。那时候，有人就想到了利用鸽子天生的非凡的导航系统来帮助人们传递信息。实际上在古代就有脚上缠着信笺的鸽子在天空中往来传书了。你可别以为鸽子天生就会送信，其实信鸽都是需要训练的，一只经过训练的信鸽即使被带到离家很远的地方，也可以自己找到回家的路，而且经过一次次的训练，它可以一次次地突破更远的距离，到达更远的地方。

信鸽在战争中也被广泛地利用，甚至有的信鸽还被载入史册，比如法国信鸽雪儿阿美。第一次世界大战期间，美军一个营的士兵被敌军包围了，他们用一批信鸽传出紧急求救信号。在整群信鸽中，雪儿阿美是唯一一只突破敌军防线，送出急救信号的。它把信送到的时候，身上受了伤，还有一条腿被打掉了，但是它及时地把信送到，让增援的部队及时赶到了。

德国银行家罗斯柴尔德家族也及时地收到信鸽带给他们的信息：他们资助的英国人在滑铁卢打败了拿破仑。这条信息让罗斯柴尔德家族大发战争财。在法国，甚至有些医院会利用这些特殊的信使来交换试管并传递病理结果。

鹳（guàn）

大迁徙

欧洲曾经有人说，鹳[22]会为人类送来新生儿，而且人们会看到婴儿被包裹在一条方巾中，挂在鹳的嘴上。这个传说可能跟鹳会在屋顶筑巢有关。

在斯堪的纳维亚半岛，也就是鹳度夏的地方，人们会在倾斜的房顶上建一个平台，让鹳筑巢。鹳的记忆力非常好，它们每年都会回到同一个地方度夏，而且能够轻易认出自己的巢穴。如果你是一个丹麦的孩子，而鹳在旅途中没有遇到什么麻烦，那么每年夏天你都会跟鹳一起度过。鹳的迁徙路线很长很长，它们会排成一定的队形，从北欧一直飞到非洲南部。它们的迁徙路线有两条：一条经过法国、西班牙、直布罗陀海峡，沿非洲大陆的对角线到达马达加斯加；另一条飞过斯洛文尼亚、希腊，经过土耳其的伊斯坦布尔，越过埃及的苏伊士运河，径直飞到非洲南部。西伯利亚鹳的迁徙路线比较独特，它们会从俄罗斯飞到印度过冬。但是西伯利亚鹳现在已经濒临灭绝了，因为它们在飞行迁徙的路上，没有得到任何保护。

鹳从来不会害怕漫长的迁徙路线，因为它们能够每天飞行180千米，而且可以以每小时40多千米的速度飞行。它们会在春天到达北方，大概在4月和5月之间产卵；到了9月的时候，又会举家飞到它们在南方的房子。它们的这种迁徙，对于年轻的小鹳来说是一种特殊的测试，相当于成年礼。

蝙　　蝠

大头朝下，吊着睡觉

有的动物喜欢在白天睡觉，夜晚醒来活动。蝙蝠就是这样一种动物（英国人把蝙蝠叫"bat"）。漫画里的蝙蝠侠就是像蝙蝠一样在夜晚活动的英雄。如果你是一只蝙蝠的话，你会发现自己睡觉的时候并不是睡在床上，而是头朝下倒吊着睡觉。这种睡觉方式对于你来说其实很轻松，因为你的脚上长着钩子呢。你的胳膊上会长着像薄膜一样的翅膀，睡觉的时候会把展开的翅膀当斗篷把自己包起来。如果你是一只小蝙蝠的话，你永远都会是家里的独生子或者独生女。你的妈妈会给你吃奶吃5个星期。当然了，妈妈给你喂奶的时候，也是大头朝下倒吊着喂的。另外，出生一个月之后，你就能学会在黑暗的岩洞里飞翔。你会学着用声音"看"东西，因为在飞行的过程中，你要不停地"喊"，你发出的声音是超声波，在遇到障碍物的时候会被反射回来，收到返回的信号波，你就知道障碍物在哪里了，然后就可以轻易避开。

你的身体里长着一套声呐系统，可以让你以每秒钟7米的速度飞行时，避免跟其他小蝙蝠撞到一起。这些小蝙蝠在飞行的时候，也跟你一样，利用自己的声呐系统，每分钟可以避开至少6次碰撞。慢慢地，当你学会如何飞翔的时候，你甚至可以不费吹灰之力地飞到3000米高的地方，让风带着你飞翔。

因为你只吃昆虫，尤其是蚊子，所以人们本应该非常喜爱你。但是，都怪你的一个南美洲表亲，不吃蚊子，却去吸奶牛的血，而且这种吸血蝙蝠会像德古拉伯爵[23]一样去咬人的脖子。所以人们见到你都躲得远远的。但是现在有人可以保护你们了，他就是美国生物学家梅林·塔特尔。他建立了梅林·塔特尔蝙蝠保护区，一个专门保护蝙蝠的地方。终于，你也可以找到一个大头朝下，安稳睡觉的地方了。

蚂　　蚁

小骑士

　　一个多世纪以前，一位名叫路易吉·贝尔特利（笔名：万巴）的意大利著名儿童文学家写了一个故事《露着衬衫角的小蚂蚁》，讲的是一个小孩子变成蚂蚁后的故事。这个孩子不爱学习，却羡慕蚂蚁一天到晚到处跑来跑去的生活。有一天，他突然变得又小又黑，跑到了蚂蚁整齐的队伍里。而他身上留下了一点点衬衫围在裤子外面，让人还能认出他曾经是个人类的小孩。大家都叫他小白旗。跟蚂蚁一起生活后，他慢慢发现，其实蚂蚁过的集体生活中有很多严格的规则。他知道了蚂蚁其实并不是整天都在闲逛。而且，虽然蚂蚁没有语言，但是它们可以通过自己独特的方式互相沟通。比如，它们可以散发出带有信息的气味。当一只探路的蚂蚁发现了对整个蚁群有好处的东西，它会用自己的气味在上面做标记，然后回去通知同伴，而它的同伴又会通过触角上的"鼻子"迅速找到探路蚁留下的路线轨迹。如果你哪天发现自己家的厨房被蚂蚁入侵了，那么没有别的办法，只能用柠檬擦掉它们留下的气味痕迹，让它们无法辨别。

蜜　蜂

传递信息的舞蹈

　　如果你是一只小蜜蜂，你会住在一个蜂蜡做的房子里，房子里的每个房间都是六角形的。你没法选择你在蜂群中的职业，是去做筑巢蜂，还是采蜜蜂，或是探路蜂，这都是命运决定的。筑巢蜂负责蜂巢的清理和保育工作，如果蜂巢太热了，还要扇翅膀，把自己当成电风扇，给蜂巢降温。探路蜂会飞出去寻找、品尝、选择花粉。这些所有的工作都是雌性器官发育不全的蜜蜂去做的，而雌性蜂王和雄性蜜蜂只需在蜂巢里负责繁衍后代就可以了。如果你是一只探路蜂，你的世界就是广阔无垠的原野、色彩缤纷的花朵和各种各样的香味。当你找到一朵花的时候，你会用自己的气味做标记。而这气味，就是你的蜂巢的气味，因为每个蜂巢的气味都不一样，有点像一种香气身份证。你还可以带一点儿花粉回巢里给它们尝尝。返回的时候，为了告诉同伴你找到的花在哪儿，你可以用一种很简单的"舞蹈"让它们知道目的地在哪儿。如果很近的话，你就跳圆圈舞，在空中飞舞着画圆圈；如果地方太远了就跳 8 字舞。

胡蜂

造纸工厂

　　如果你是一只蜜蜂，你用尾巴上的刺时要非常小心，而且一生只能用一次。因为你的刺上面是有倒钩的，如果你用了，刺就会被倒钩钩住，留在敌人身体里，就像印第安人射出的箭一样。也就是说，用一次尾巴上的刺，你的生命也就此终结了。但如果你是一只胡蜂，你就不会遇到这种问题。你的刺就像一把小匕首，刺出去还可以收回来，而且你始终是生龙活虎的，生命不会受影响。蜜蜂选择食物非常挑剔，它们只喜欢花粉；胡蜂则完全不同，它会吃掉自己的同类，甚至连蜜蜂也会吃。和蜜蜂一样，胡蜂也身着黄黑相间的"制服"。蜜蜂的蜂巢是用蜂蜡做的，而有些胡蜂的蜂巢却是用像纸一样的材料做的。它们把植物材料撕成一小条一小条的，然后用下颚碾碎，用口水搅拌成糊，再将这些材料黏在一起。这种材料轻薄如纸，而且像塑料一样，很有韧性，还可以像砖墙一样隔热。正是因为这样，人们觉得这种胡蜂非常能干，非常独特，给它们取了个名字叫"造纸胡蜂"。如果你是一只喜欢独居的胡蜂，你就不必像蜜蜂一样跟成千上万只同类生活在一起，你可以选择独自一人生活，自己建个小房子。如果你是喜欢群居的胡蜂，你就可以建造高楼大厦了，蜂巢可以建 20 层，甚至 30 层。

蜘　蛛

无脊椎动物

　　曾经有一只蜘蛛……如果这只蜘蛛死了，没关系，还会有另一只蜘蛛继续我们的故事，因为在这世界上，蜘蛛多着呢。

　　其实，蜘蛛并不是昆虫，因为它的身体只能分成两个部分，不像昆虫的身体那样可以分成 3 个部分（头、胸、腹），而且蜘蛛有 8 条腿，昆虫只有 6 条腿。"8"这个数字与蜘蛛有密切的关系，因为它还长着 8 只单眼。但是这并不能说明它视力很好。所以多数蜘蛛必须通过织网来帮助它捕猎，不然就会饿死。

　　虽然蜘蛛不算是昆虫，但却是昆虫的远房表亲，因为蜘蛛和昆虫都属于节肢动物，都是无脊椎动物。如果有人说你没有脊椎，就像说你软绵绵的。但是蜘蛛和部分昆虫并不是软绵绵的一团，因为它们的骨骼长在身体外面，像盔甲一样保护着它们。我们人类就不一样，骨头是长在身体里面的，主要起到支撑作用。

　　蜘蛛最大的骄傲就是它们的纺织能力很强，能织得一手好网，但是因为它们已经有了长在身体外面的盔甲，所以它们织网主要是为了捕猎。它们织的网非常轻，但是很结实，有弹性，又有韧性。有的蜘蛛会在网上产卵，也在网上孵化卵。对于小蜘蛛而言，网上的丝线就是生命线。

全世界有很多种蜘蛛，有一种水蜘蛛会在水下织一张网，把它当作自己的潜水面罩；美国得克萨斯州有一种蜘蛛会织双层的网，跟耍杂技似的。花园里的蜘蛛简直就是织网大王，它们会花 12 个小时编织自己的网，然后在上面等待猎物落网。

跳　蛛

把猎物像喝果汁一样喝掉

　　如果你是一只蜘蛛的话，不要总是想着自己是个捕猎者，因为你也可能掉进别的蜘蛛网里，真到那时候，你可就倒大霉了。雄性蜘蛛找老婆的时候要很小心，因为它随时都有可能碰上危险的雌性蜘蛛，人们把那些危险的雌性蜘蛛叫作"黑寡妇"。婚礼结束之后没多久，那些"黑寡妇"就会吃掉自己的丈夫，也就意味着它们刚结婚就变成寡妇了。这种可怕的蜘蛛生活在美洲，它们的毒液甚至可以杀死一个人，更别说那小小的蜘蛛丈夫了。幸好 1942 年，人们发现了黑寡妇毒素的解药。如果你生活在意大利，那肯定离危险很远，但是也要小心，因为意大利没有黑寡妇蜘蛛，却有一种长着 13 个红色斑点的蜘蛛，它们生活在托斯卡纳伏尔泰拉周边的低矮灌木丛中。这种蜘蛛的毒性没有那么强，通常被咬到的人 24 小时以后就平安无事了，而且如果身体不是很虚弱的话，皮肤也能恢复如初。这种蜘蛛很好辨认，长得像一只无害的七星瓢虫，背上长着斑点。但是跟七星瓢虫相反，这种蜘蛛的颜色是黑底红点。颜色最鲜艳的蜘蛛应该就是跳蛛了，有黑色的、红色的，还有白红蓝相间的，个头很小很小，只有 3~17 毫米，却能跳 20 厘米高。这种蜘蛛视力非常好，也不需要织网，它们大多是用跳跃的方式捕捉昆虫。它们也会吐丝，这些丝能起到"保险绳"的作用，特别是在垂直的地方爬行时，它们会用丝来固定身体，防止滑落。跳蛛能捕捉到比自己个头大的猎物。捕到猎物后，它们会把猎物先消化，然后再吃。对，你没有听错，就是字面的这个意思，它们会先把自己具有腐蚀性的消化液注入猎物体内，把猎物融化成果冻一样的状态，然后再像喝果汁一样把猎物喝掉。

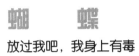

蝴　　蝶

放过我吧，我身上有毒

　　有的毛毛虫虽然长得很丑，但却可以通过努力改变自己。它会用细丝将自己一圈圈地包裹起来，最后做成一个保护罩，在里面平静地生长。然后，选个好日子，打开保护罩，从里面钻出来，变成一只长着一对颜色艳丽翅膀的蝴蝶，像个芭蕾舞演员一样在空中翩翩起舞，也像女孩别在头上的蝴蝶结，还会像宝石一般闪闪发光。

　　如果蝴蝶被小鸟看到，就会被吃掉。可能也是因为小鸟并不懂什么艺术，它们只为填饱自己的肚子。有一种蝴蝶的翅膀上有显眼的橙色及黑色斑纹，周围是宽阔的黑色边框，分布着许多白色斑点，这种颜色的组合有点儿像交通信号灯，或者像是一种警告标志，好像在说："不可食用"。也好像在说："放过我吧，我身上有毒。"这种蝴蝶叫作帝王蝴蝶，是世界上最漂亮的蝴蝶，是蝴蝶中的女王。正是因为帝王蝴蝶的这种警告起了作用，有的蝴蝶也就模仿了起来，比如伪帝王蝴蝶，它身上的花纹与帝王蝴蝶的花纹很像，但却是不带毒性的。

萤 火 虫
路西法的小妹妹

　　曾经，到处都有成群的萤火虫，哪里有花园，哪里就有它们的身影，尤其是房前屋后和森林里，每到暮春时节和夏日夜晚，萤火虫就会出现。但是到了今天，看到一只萤火虫简直成了一件稀罕事。人们使用的杀虫剂，城市里绿色植物的减少，都在毁灭这些神奇的生物。以前，人们可以看到萤火虫在黑暗中飞出洞穴，变成一盏飞翔着的小亮灯。法国生理学家拉斐尔·杜布瓦发现了萤火虫发光的原因。实际上，萤火虫发出的光是由它体内产生的两种化学物质相互反应造成的。这两种化学物质是萤光素（Luciferin）和萤光素酶（Luciferase），这两个词都来源于路西法（Lucifer）。而路西法就是基督教中反抗上帝，被打入地狱的天使，他名字的原意是光明使者。

　　萤火虫发出的光是一种冷光，用来传递一些神秘的信息，还有求爱和给其他小虫子设圈套。美国有一种萤火虫会发一种假的求爱信息给比它个头小的萤火虫，把它吸引到自己跟前，然后吃掉。你看，大自然就是这般不可思议。

老　虎
丛林里的老爷爷

　　如果你遇见了一只老虎，不要慌忙逃跑，你要站在原地完全保持不动。因为老虎只能发现移动中的物体，如果一个物体保持静止不动，它们就分辨不出来了。而且，它们的嗅觉也不好。但是这都无所谓，因为老虎是唯一一种没有天敌的动物，也就是说，老虎是唯一一种捕杀别的动物，而不会被别的动物捕杀的动物，除了人类。但是，现在人类也不许捕杀老虎，猎杀老虎的活动在大约50年前就禁止了。这是因为，20世纪初的时候，全世界还有约10万只老虎，而到现在，野生虎就只剩下几千只了。当然，这并不完全是狩猎活动导致的，还有很大一部分原因是森林的消失造成的。老虎生活的地方叫作丛林，丛林是幼年老虎必需的生长环境。丛林消失多是因为树木被砍伐，用来做家具了。有人说，每年全世界有约1.33亿吨树木被砍伐，最后在厨房里用掉了。世界自然基金会在20世纪70年代批准了一项拯救老虎的计划。这项计划已经保护了19个自然保护区中2.6万平方千米的丛林。据统计，1990年，印度有约4000只孟加拉虎，韩国有约 400 只东北虎，中南半岛有约 2000 只老虎，苏门答腊有约 600 只老虎，中国只有约 30 只。所有老虎身上都非常臭，闻过老虎味道的人，肯定都要好好洗洗澡。马来人非常害怕老虎，以至于他们都不敢说出老虎的名字。他们不把老虎叫作老虎，而是叫作"丛林里的老爷爷"，或者"长着两撇胡子的那个"，或者"条纹爸爸"。中国人则非常敬畏老虎，因为在中国古代，人们觉得老虎额头上的纹路看起来像个"王"字，因此认为老虎是"丛林之王"。但也有人对老虎很不屑，比如小说《丛林故事》里被猴子养大的莫格里，他就是个不怕老虎的人。

犀　牛

拯救独角兽

　　中世纪的时候，人们会讲一些关于神秘的独角兽的故事。独角兽长得像一匹高雅的、不可接近的白马，额头上长着一个犄角。据说只有纯洁的女孩才能捉住独角兽。

　　著名冒险家马可·波罗从意大利威尼斯出发，到中国历险。他从海路护送一个蒙古公主去波斯（伊朗的古名）完婚，然后再返回威尼斯。途中，他们在印度尼西亚的苏门答腊岛停留，听人们说在苏门答腊岛上可以找到独角兽。那时候，马可·波罗正好陪在公主身边，而且还要等待合适的风向才能出发（那片海

域的风叫作季风，每6个月会改变一次方向），于是就决定跟公主一起去捉独角兽。但是当他们找到独角兽的时候，他们心里却特别失望。因为他们发现的野兽长得皮糙肉厚，矮墩墩的，皮肤是灰色的，还长满了皱纹，头上的犄角上也长满了鬃毛。其实他们找到的是犀牛。这种动物之所以叫"犀牛"，是因为这个词在希腊语里的意思是"鼻子上长犄角"。

因为鼻子上长的这个犄角，犀牛正面临从地球上消失的危险，因为很多人认为犀牛角可以帮助病人恢复得更快，所以就有很多人去捕杀犀牛。亚洲有三种犀牛：印度犀牛、爪哇犀牛和苏门答腊犀牛。白犀牛和黑犀牛是它们的非洲表亲，但是过得也并不比它们好到哪儿去，因为白犀牛和黑犀牛鼻子上长着两个犄角。

大象

妈妈，把尾巴给我

在童话世界里，只有匹诺曹长着长鼻子，而且每说一句谎话，鼻子就会变长一截。但是所有的大象都长着长鼻子，不论它们是诚实守信还是谎话连篇。它们的长鼻子被人们叫作象鼻。如果你是一只小象，很快你就会发现长着一个长鼻子是多么的幸运。你可以用鼻子呼气和吸气，可以用鼻子洗淋浴，还可以用鼻子把吃的东西送到嘴里。你的鼻子，简直就是你的一只手，你用一个鼻子可以做的事，比一个小孩子用两只手做的事多得多。在你还小的时候，你就得用鼻子拉住妈妈的尾巴，这样才能在象群移动的时候不掉队。象群里只有母象和小象，公象长大成年之后，就要独自闯世界了。如果你不小心放开了妈妈的尾巴，没有跟上象群，不要心慌，你还可以找到大象孤儿院，找人类来保护你。在斯里兰卡的品纳维拉就有这样一个大象孤儿院，1975年成立的时候就收留了4只小象。这个孤儿院现在已经成为全世界最大的大象孤儿院了。在这里，人们会像给婴儿喂奶一样用奶瓶给小象喂奶，会有一只母象带着小象们生活，还有一个驯象师照料小象，给它们洗澡。如果你是生活在那里的一只小象，也许你可以有那么两三次不用去洗澡，但是你一定会变得臭气熏天。如果你是一只大象，每天至少要洗两次澡，时间都是在饭后。因为吃完饭后，你的体温会升高，但你的身体没有办法出汗，只有洗澡才能让你的体温恢复正常。如果你是一只生活在非洲的大象，天热的时候你还可以把你的大耳朵当扇子扇风。

袋鼠与土著人

它的名字叫"听不懂"

　　最早见到袋鼠的欧洲人是库克船长和他手下的水手们。库克船长指挥着英国探险船队在南半球的大海上航行，1770年他们到达了澳大利亚，在那里发现了袋鼠。他们向当地的土著人询问这种奇怪的跳来跳去的，还把自己的孩子放在肚子上口袋里的到底是什么动物。土著人不会说英语，就用自己的语言对英国人说："我听不懂（kangaroo）。"于是，英国人就把kangaroo当成袋鼠的名字了。尽管随着时间的推移，人们逐渐意识到这个词的错误用法，但kangaroo一词代表袋鼠的意思已经被大家接受了。

　　在澳大利亚，不是只有袋鼠把孩子放在自己的口袋里，还有一些其他的动物也这么做。其中有些长得像老鼠，有的长得像鼹鼠，还有的跟狼长得很像。人们说，澳大利亚的风土人情之所以这么特别，是因为澳大利亚大陆在很久以前就与亚欧大陆分开了，它像一条船一样漂移到了南半球。澳大利亚大陆上最早的居民于4万多年前定居在那里。土著居民有相当一部分死于 18 世纪殖民者带来的疾病。在很长的一段时间里，土著人生活在被殖民者压迫的环境里，直到 1967 年，土著居民才被授予澳大利亚的公民权，被纳入人口普查，并获得投票权。1976 年，澳大利亚政府通过法令，承认土著居民享有"北领地"[24] 大片土地的所有权。土著人此后掀起要求归还先祖土地的运动浪潮，他们一直在为收回他们失去的领土和圣地而斗争。澳大利亚土著居民的解放运动从首都堪培拉议会大厦外的花园里的一个帐篷开始，这是土著人的"帐篷大使馆"。

澳大利亚土著人即使在荒芜干旱的沙漠中也能找到水源。他们还自己发明了一种新的狩猎工具——回旋镖。这是一种新月形的飞镖，用一种特殊的方式扔出去，打到猎物之后还能飞回到手里。

老　鼠
哈梅林的教训

　　格洛伦扎是意大利上阿迪杰大区韦诺斯塔谷地的一座城市。这座城市的历史可以追溯到中世纪。那时人们在城市外围建了一圈城墙，用来减轻大风对这座小城的侵袭，因为谷地里的风非常大，大得让人难以置信。但是那里却从来不下雨，云彩来了又走，把雨水带到别处去了。不过格洛伦扎却不是因为大风和从不降雨而载入史册的。这座小城出名的原因，跟德国的哈梅林一样。传说哈梅林曾经被老鼠入侵，后来一个花衣魔笛手用他的音乐把老鼠请出了这座小城，但是人们并没有付给他商量好的报酬，所以这个人就把城里的小孩子都带走了。这真是一场悲剧。

　　有了德国人的教训，格洛伦扎人选择用别的方式处理鼠患。16世纪初，老鼠泛滥成灾，吃掉了格洛伦扎人的余粮，居民们无法交出税款，于是他们跑去控告执政官无能。法院开启诉讼程序，还给造成这次灾难的老鼠找了辩护律师。辩护律师请求法官对这些老鼠进行宽大处理，他说，这群老鼠本来想离开这座城市，但是它们无路可走，因为河上没有桥。于是人们迅速修好了大桥，给了老鼠足够的时间，让它们回到原野里。大街小巷到处贴满了法庭的宣判结果，城市里也敲起了法庭宣判的钟声。你们肯定不敢相信，后来，老鼠排着队走上街。人们打开了城门，不需要魔笛手的指引，老鼠们也一样走出城门，涌向田野。城里还留下了一些怀了孕的老鼠，而市民也额外给了它们足够的时间。

不管这个故事是真是假，格洛伦扎的人们到现在还在讲着这个故事，甜品店里也卖着老鼠形状的巧克力蛋糕，在大街上推车叫卖的商贩那里，还能看到印着老鼠图案的T恤衫。

河　　狸 [25]

狩猎陷阱

　　如果你是一个户外狩猎者，那么你一定喜欢独自接触大自然，耐心地埋伏起来，从容面对每一种陷阱。你会每年参加一次盛大的集市，在那里卖掉你杀死的河狸的皮毛，然后再去采购武器，买些工具。说到这里，你可不要害怕，因为这样的户外狩猎者都是生活在 19 世纪中叶到 20 世纪中叶的，他们被叫作 trapper——他们主要是利用陷阱（trap）捕捉猎物。在那个年代，一个狩猎人会遇到很多诱惑，这些诱惑会让他在一夜之间花光自己赚的钱。集市里有赌场，有沙龙，有啤酒馆，还有拿着做过手脚的纸牌行骗的骗子。那里的人们会跟你讲印第安人的故事和大灰熊的故事，会跟你讲他们看到的沸腾的泉水、间歇喷泉、盐湖。然而，人们认为这些人只是爱吹牛，没有人会相信这些东西真的存在。

　　有一位狩猎人非常出名，他叫约翰·柯尔特。有一次，他被黑脚印第安人抓住了。这些印第安人把他的衣服全都扒光，然后给了他一个逃跑的机会，让猎人明白被追捕意味着什么。

但是他却非常勇敢，比任何河狸都要勇敢，他光着身子，赤着脚，浑身是血，到处是伤口，跳到了麦迪逊河里，顺着河流一直漂到很远的地方，让这些印第安人再也抓不到他。后来，他又徒步走了300千米才到营地。当他走到营地的时候，大家都把他当成鬼了。

　　过去，没有人会想到狩猎河狸是一种错误的行为，但是，正是因为这些狩猎者的过错，美国西部的河狸已经消失不见了。

旱獭(tǎ) [26]

贪睡的懒虫

　　如果你早上总是赖床，你可以想想我们的一生有一半是在睡眠当中度过的，这样你可能就会觉得自己睡够了。但是，还有比你更能睡的，比如那些冬眠的动物，要睡整整 6 个月。然而旱獭冬眠外还不满足，它们觉得吃完东西都要休息一下，因为吃东西对它们来说太累了。唯一能让它们赶走瞌睡虫的，可能就是修建自己的小窝了。每当冬天即将来临的时候，它就要去准备一个暖和舒适的地方冬眠。旱獭要在最冷的几个月里冬眠，到了夏天又要吃两倍的东西，储存足够的脂肪，让它在冬眠的时候不会遇到任何问题。

　　进入冬眠的动物消耗的能量很少，它的体温会降低，心脏跳动会变慢，呼吸会变得很长。冬眠的动物名单长得让人难以置信，除了熊和獾，还有乌龟、松鼠和仓鼠，甚至还有毒蛇和蝴蝶……好了，晚安吧！

水獭[27]

艰苦却快乐的生活

　　永远一副没心没肺的样子，它不是傻瓜，而是水獭。有的水獭生活在河里，有的生活在海里。在水中，它们可以像鱼雷一样旋转，尾巴还可以当桨用。生活在海里的水獭更大一些，也更重。而且它们只是生活在海岸边上，或者海水不太深的地方，吃一些软体动物和甲壳类动物。目前世上仅存的一些生活在海边的水獭主要分布在加利福尼亚和阿拉斯加的海岸边。

　　东方有些民族会训练水獭，让它们去水里抓鱼并带上岸（水獭不会吃掉鱼）。当它们认认真真工作的时候，它们甚至可以用石头把贝壳敲碎。水獭是少数能够使用工具的动物。一般水獭都是独居，喜欢在水上打盹，为了防止自己被水流冲走，它们会把自己的尾巴绑在一根水草上。生活在河里的水獭更瘦小也更灵活，尾巴也更长一些，主要生活在欧洲和亚洲。

　　现在，水獭的生活环境非常恶劣，因为河水受到了污染，河岸也都被水泥覆盖住了。而且，几个世纪以来，人们一直在为了皮毛猎杀水獭。

驯　　鹿[28]
黑夜持续两个月的地方

　　传说圣诞老人会乘着雪橇在空中飞行。给圣诞老人拉雪橇的是一种很特别的动物，它们是驯鹿。这种驯鹿可以使用魔法在空中行走。如果事情真的像传说那样的话，那么这种驯鹿一定生活在那片叫作拉普兰德[29]的地区。跟驯鹿一同在那里生活的，还有拉普族人。他们从在那里出现到现在，从未改变过他们的生活习惯。圣诞老人就住在芬兰的拉普兰德地区，他每年都会收到很多小朋友寄来的信。当你在地球仪上找到拉普兰德地区时，你会发现这个地区里包含4个国家的部分地区，分别是挪威、瑞典、芬兰和俄罗斯。

　　拉普族小朋友是在帐篷里生活的，而且会跟家人一起到处搬家。他们搬家的路线始终都像一个圆圈，从树林中搬到海边，再从海边搬回树林中。拉普族人从来都不用家具，他们的家当只有行李箱，而这些行李箱会被放在雪橇上。旅行中，拉普族人不是把小孩子放在摇篮里，而是放在驯鹿背上的驮鞍上，而且会用裘皮被子盖好。等小孩子的双腿长力气了，可以站起来

了后，他们才会跟妈妈

一起坐在雪橇上。只有到了五六岁的时候，他们才能享

受到特殊的待遇，骑在驯鹿背上。

　　驯鹿这种动物长得有点儿像牛，有点儿像驴，有点儿像马，又有点儿像鹿。它们长着分枝繁复的犄角，而且犄角非常结实有力。它们的食物主要是地衣（藻类和真菌共生的复合体），这种东西一般生长在芬兰森林里的树皮上。从史前时期开始，拉普族人就已经跟驯鹿结成了一种"联盟"，他们会为鹿群提供盐，保护它们不被狼吃掉。作为交换，驯鹿也可以当拉普族人的运输工具。多亏了这种默契的协定，拉普族人和驯鹿才能在极端寒冷的气候条件下生存下来。冬天最冷的时候，当地气温会低至零下45℃，而且漫长的冬夜会持续两个月之久。

马

狂野西部

马是人类的好朋友，但是人类在刚刚开始驯化马的时候，花费了很多时间才把它驯服。人类是在驯化狗的 1000 多年以后才驯化了马的。在这 1000 多年间，人们把山羊、绵羊、奶牛、猪和豚鼠都驯化成了家养动物。最早的时候，马主要生活在美洲，它们自由自在，狂放不羁。后来，马经过阿拉斯加来到了亚洲。3000 年前，是俄罗斯人（更确切地说是乌克兰人）最早驯化了马。希腊人觉得马这种动物实在是太漂亮了，便把骏马看成是一种神圣的动物。传说，太阳神菲比斯（罗马神话中的阿波罗）一天到晚都待在他那辆被马拉着的双轮车上，天上的双子座去历险的时候，就是乘坐着他们那辆由骏马拉着的华丽双轮战车到处跑的。罗马人也非常喜爱骏马，曾经有一个叫卡尼古拉的罗马帝国皇帝，他比任何人都要喜欢骏马。他给自己的骏马起了个名字，叫影袭（意大利语意为鼓舞，激励），还让这匹马当了元老院议员。他甚至会亲自把大麦和美味的红酒喂给他的骏马吃。其实他这么做并不是因为他是个疯子，而是想要让他的家人明白，除了他的骏马，他一个朋友都没有，而且谁都不相信。

在美洲生活的马，其实很早以前就灭绝了，那里的人们也都忘记了马的存在，直到欧洲人又重新把马带回了美洲。在克里斯托弗·哥伦布来到美洲之前，就连印第安人也没有办法驾驭野马，在一些西部影片里就可以看到。然而到了后来，马甚至成为一项美国国内体育运动的主角，这项运动就是牛仔马术表演。参赛选手要在比赛中驯服一匹野马。西部牛仔对这项运动非常狂热。勇敢的探险家和野牛猎手"水牛比尔"把这项运动带到了全世界。他在系列马戏表演"蛮荒西部"中，向人们展示了很多节目，比如骑马表演、马上射击表演、袭击马车表演，还有印第安人用绳索捕捉野马的表演。1887年，"水牛比尔"的"蛮荒西部"系列马戏表演在伦敦获得了巨大的成功，马戏团成员甚至还受到了英国女王的亲切接见。

双峰骆驼和单峰骆驼

驼背的爸爸和驼背的妈妈

一首意大利特伦蒂诺山区的歌谣是这么唱的："……姐姐是个驼背的姑娘，就连她的女儿也是个驼背。他们一家人都是驼背……"这是一首唱骆驼的歌。现在，骆驼又回到了我们的身边，它们穿过烈日炎炎的沙漠，到达高耸如驼峰般的皑皑雪山。在非洲，我们能看见只长着一个驼峰的骆驼。如果我们不幸在沙漠里迷了路，水也喝完了，就可以像贝都因人[30]那样，切开单峰骆驼的身体，喝掉它胃里储存的水。

但是，我们希望永远都不用这样做，因为这样就会失去一匹沙漠中绝好的坐骑。而且，单峰骆驼在沙漠中可以抵御沙尘暴。如果刮起沙尘暴，我们要捂住鼻子和嘴，而单峰骆驼却可以关闭自己的鼻腔，就像我们可以闭上眼睛一样。单峰骆驼的蹄子上虽然长着两个脚趾，但是这两个脚趾的用处却不是很大。单峰骆驼吃下的草会转化成脂肪储藏在它的驼峰里，驼峰里的脂肪为它源源不断地提供能量，可以让它在沙漠里以每小时 4 千米的速度走上 12 个小时，而且背上还背着 150 千克的东西——

沿路只吃很少的草就可以了。

　　单峰骆驼不能忍受寒冷，双峰骆驼却对严寒无所畏惧。双峰骆驼的背上长着两个驼峰，它们可以沿着中国的大山翻山越岭，即使在海拔超过 4000 米的地方跋涉，它们也不会有任何问题，甚至在暴风雪中，它们也能通行无阻。这是因为双峰骆驼身上的皮毛非常厚实。要知道，在羽绒服被发明之前，最暖和的衣服是驼绒毯子，而驼绒毯子就是用双峰骆驼的毛编织而成的。据说现在在蒙古国还有野生的双峰骆驼，而野生的单峰骆驼已经灭绝。双峰骆驼和单峰骆驼都很难饲养，但是一旦长大，这两种骆驼都会变得非常出色。也正是因为这样，骆驼在战争中使用的频率也很高。比如，有一只名叫梅哈里的单峰骆驼，曾经勇猛地独自摧毁了一辆古代武装战车。其实，这匹骆驼能有这种能力，是因为马匹受不了骆驼的味道，被熏得缴械投降了。

鹿

小鹿斑比

　　裘弟的爸爸说："所有人都想过上那种美好而单纯的生活。可是，生活很美好，却并不单纯。生活也是很残酷的。"裘弟是19世纪美国佛罗里达州的一个小男孩，他收养了一只失去妈妈的小鹿。小鹿长大后，却经常糟蹋拓荒者本就不多的粮食，所以被杀掉了。这是《鹿苑长春》这部小说中讲述的故事。《鹿苑长春》的作者是一位名叫罗琳斯的记者。她为自己选择了一种能够与大自然亲密接触的生活。她于1939年凭《鹿苑长春》获得了普利策奖，随后在1946年，改编自她这篇长篇小说的电影获得了奥斯卡奖。

　　跟《鹿苑长春》同样令人感到悲伤的，还有《小鹿斑比》的故事。这是奥地利作家萨尔腾创作的儿童文学作品，首次出版于1923年。在故事的结尾，小鹿斑比虽然安然无恙、健健康康地活了下来，但却成了孤儿。后来这个故事因为被迪斯尼公司拍成了电影而家喻户晓。

　　鹿在小的时候身上会有白色的斑点，就像迪斯尼的斑比一样。这可能是大自然为保护它们而进行的伪装吧。夏天刚刚到来的时候，雄性的鹿会长出非常漂亮的犄角，犄角上面覆盖着一层毛茸茸的皮肤，这层皮肤在9月前后会脱落。这些鹿在求偶的季节会用它们的犄角打斗，为的是争夺交配的权利。随后到1月，它们的犄角也会脱落。有些鹿的犄角每年都会脱落一次，第二年又会长出新的，而且一年比一年大。鹿的叫声被人们称作鹿鸣，在离它们3000米远的地方都能听见。

鹿很少会成为其他动物的猎物，因为它们跑得非常快。对于鹿来说，唯一的危险就是人类。幸好像梅花鹿等鹿科动物在中国是国家保护动物，法律规定，人们不能对国家保护动物进行捕猎、杀害和买卖。

鳕鱼角的约会
曾经的捕鲸城市

　　如果你想去看鲸，最好去北美洲的马萨诸塞州的普罗温斯敦。这是坐落在大西洋边上的一座小城，一座因捕鲸船聚集而变得重要的城市。曾经，有很多水手来这里学习捕鲸。第一个在这里发现鲸的欧洲人是一位名叫高斯诺德的船长，他把这里叫作科德角，也是鳕鱼角的意思。1620年，清教徒乘着"五月花"号来到这里，想要在美洲寻找宗教自由，因为他们的信仰在英国是被明令禁止的。随后来了一批又一批人。所有人都开始了捕鲸，因为在那个年代里，人们发现鲸油可以被做成非常好的照明材料。今天，再没有人为了获取照明材料而去捕鲸，最后一艘船起航捕鲸已经是100多年前的事了。

　　终于，鲸回来了，回到了马萨诸塞州。有时候，鲸会靠近船只，让人们有机会拍到它们的照片。而关于鲸和捕鲸的所有文物都珍藏在一座博物馆里。

海豹孤儿院

人类的救助

　　如果你是欧洲北海边一头迷路的小海豹，那么你就要找人把你带到荷兰的彼得比伦的海豹孤儿院。这里已经开放 30 多年了，是欧洲唯一一所海豹孤儿院。刚到这里的时候，你会感到孤独、害怕，也不想吃东西。但是海豹护理员会喂你吃东西，教你如何生存，如何独自面对生活。因为总有一天，你要独自面对大海，享受自由。

　　如果你的妈妈跟你在一起，她一定会把所有的亲戚介绍给你。你的那些生活在北冰洋的表亲，现在的数量已经很少了。数量最多的是你另外一个贫穷的表亲——食蟹海豹[31]——它们很容易满足，吃什么都行。僧海豹[32]有自己的神秘庇护所，它们会在那里生孩子，会一直游到地中海，然后藏在撒丁岛的海牛岩洞中。然后还有臭海豹，它们身上散发出洋葱味，尽管它们经常在海里游泳。臭海豹的寿命最长，能活 40 多年，而其他种类的海豹的寿命一般不会超过 30 年。

注释:

[1] 盖亚（Gaia）：希腊神话中的大地女神，大地的化身。

[2] 大爆炸宇宙论：是现代宇宙学中最有影响的一种学说，它认为宇宙曾有一段从热到冷的演化史。在这个时期里，宇宙体系在不断膨胀，使物质密度从密到稀演化，如同一次规模巨大的爆炸。

[3] 查尔斯·达尔文（1809—1882年）：英国生物学家，进化论的奠基人。他曾经乘坐比格尔号舰进行了历时5年的环球航行，对动植物和地质结构等进行了大量的观察和采集。出版了《物种起源》，提出了生物进化论学说，从而摧毁了各种唯心的神造论以及物种不变论。

[4] 鬣蜥：身体左右扁平，背面正中线有棘状鳞，排列成鬣状，鳞尖朝后上。方体背橄榄色或灰色、浅棕色，可随环境及光线强弱改变色体。主要生活在美洲和马达加斯加、斐济等地。

[5] 阿喀琉斯基猴：生活于约5500万年前潮湿、炎热的湖边，是迄今发现最早的灵长类动物。这种古猴身长约7厘米，体重不超过30克，体积接近现代的小侏儒狐猴。它还具有修长的四肢、尖小的牙齿和大眼窝，证明它善于跳跃和利用四肢走动，以昆虫为食并拥有良好的视力。

[6] 泰山：美国《人猿泰山》系列作品（小说及电影）中的主人公，父母被野兽杀害，是被猩猩抚养长大的人类。

[7] 尼安德特人：因他们的化石发现于德国尼安德特山谷而得名。尼安德特人是现代欧洲人祖先的近亲，从12万年前开始，他们统治着整个欧洲、亚洲西部以及非洲北部，但在24000年前，这些古人类却消失了。

[8] 克罗马农人：人类进化史最后一个阶段代表性群居的通称，因发现于法国克罗马农山洞的化石而得名。又称晚期智人或直接称为智人。

[9] 彼得·辛格：澳大利亚著名哲学家，动物解放运动活动家。他提出的"动物解放论"是世界动物伦理研究中影响最大、争议最多的重要理论。

[10] 亚马孙热带雨林：位于南美洲的亚马孙平原，雨林横越了9个国家，占据了世界雨林面积的一半，占全球森林面积的20%，是全球最大及

物种最多的热带雨林。亚马孙雨林被人们称为"地球之肺"和"绿色心脏"。

[11] 麂：鹿科。成熟麂体重不超过 35 公斤，体长 75—115 厘米。腿细而有力，善于跳跃。通称"麂子"。

[12] 朱利安·赫胥黎（1887—1975 年）：英国生物学家、作家、人道主义者，是世界自然基金会创始成员之一。

[13] 圣方济各（1182—1226 年）：天主教方济各会和方济女修会的创始人。他是动物、商人、天主教教会运动以及自然环境的守护圣人。

[14] 詹姆斯·库克（1728—1779 年）：人称"库克船长"，是英国皇家海军军官、航海家、探险家和制图师。

[15] 大堡礁：世界最大最长的珊瑚礁群，有 2900 个大小珊瑚礁岛，自然景观非常特殊。在落潮时部分珊瑚礁露出水面形成珊瑚岛。大堡礁于 1981 年被列入世界自然遗产名录。

[16] 《白鲸》：19 世纪美国小说家赫尔曼·梅尔维尔于 1851 年发表的一部以海洋为题材的长篇小说，小说描写了亚哈船长为了追逐并杀死白鲸（实为白色抹香鲸）莫比·迪克，最终与白鲸同归于尽的故事。

[17] 白头海雕：又名美洲雕，是大型猛禽。成年海雕体长可达 1 米，翼展 2 米多宽。眼、嘴和脚为淡黄色，头、颈和尾部的羽毛为白色，身体其他部位的羽毛为暗褐色，十分雄壮美丽。海雕是属于隼形目鹰科最古老的一类鸟。

[18] 本杰明·富兰克林（1706—1790 年）：美国政治家、物理学家、共济会会员。他同时又是大陆会议代表及《独立宣言》起草和签署人之一，美国制宪会议代表及《美利坚合众国宪法》签署人之一，美国开国元勋之一。

[19] 哈布斯堡家族：神圣罗马帝国皇族，欧洲主要统治家族之一。源于瑞士北部"鹰之堡垒"——哈布斯堡。

[20] 沙皇俄国：一般指俄罗斯帝国，是 1721 年彼得一世加冕为皇帝后，至 1917 年尼古拉二世退位为止的国家政府。同时也是俄罗斯历史上最后一个君主制国家，由罗曼诺夫王朝统治。

[21] 克里斯托弗·哥伦布（1452—1506 年）：意大利探险家、航海家，大航海时代的主要人物之一，是地理大发现的先驱者。

[22] 鹳：外形像白鹤，嘴长而直，羽毛灰色、白色或黑色。生活在水边，吃鱼、虾等。

[23] 德古拉伯爵：民间故事中的吸血鬼形象。爱尔兰作家布莱姆·斯托克于 1897 年写了一本名为《德古拉》的小说，小说中的德古拉伯爵是个嗜血、专挑年轻美女下手的吸血鬼。

[24] 北领地：澳大利亚境内一个直属澳大利亚联邦政府的领地，是澳大利亚的两个内陆领地之一，位于澳大利亚大陆中北部，首府是达尔文。澳大利亚北领地地广人稀，是古代土著文化的发源地。

[25] 河狸：哺乳动物，主要分布于欧洲，其他地区数量较少。

[26] 旱獭：松鼠科中体型最大的一种，常称为土拨鼠。在外形和生活方式上都与鼠类相似。

[27] 水獭：躯体长，眼睛稍凸而圆，耳朵小，四肢短，体背部为咖啡色，腹面呈灰褐色。水獭多穴居，白天休息，夜间出来活动，善于游泳和潜水。

[28] 驯鹿：又名角鹿，身长约 200 厘米，肩高 100~120 厘米。雌雄皆有角，角的分枝繁复是其外观上的重要特征。长角分枝繁复，有的超过 30 叉。

[29] 拉普兰德：位于挪威北部、瑞典北部、芬兰北部和俄罗斯西北部，在北极圈附近的地区。它有四分之三处在北极圈内，独特的极地风光和土著民族风情，使它成为旅游胜地。拉普兰德的整个冬季长达 8 个月。

[30] 贝都因人：阿拉伯人的一支，是以民族部落为基本单位在沙漠旷野过游牧生活的阿拉伯人。主要分布在西亚和北非广阔的沙漠和荒原地带。

[31] 食蟹海豹：中文名叫锯齿海豹。喜独栖，在冰上行动迅速，是鳍脚类中数量最多的一种。

[32] 僧海豹：一种古老而稀有的海豹。为现存三种海豹体型最大的一种。因头部很圆，且密被短毛，看起来宛如和尚头而得名。

看动画，学知识
一起探索奇妙世界

扫描本书二维码，获取正版资源

智能阅读向导为您严选以下免费或付费增值服务

免费广播剧 好故事随身听，带你在知识的海洋里遨游
自然大百科 趣味科普动画，为你打开探索世界的大门
成语故事集 趣味解说成语，帮你积累丰富语文词汇量
德育动画片 历史人物故事，跟着古人学习处世的哲学

- -

☆ 闯关小测试：检验你对知识的掌握情况
☆ 读书记录册：养成阅读记录的良好习惯
☆ 趣味冷知识：带你认识世界的奇妙多彩

扫码添加智能阅读向导

操作步骤指南

① 微信扫描下方二维码，选取所需资源。

② 如需重复使用，可再次扫码或将其添加到微信"🎁收藏"。